Jaime Teixeira Júnior – A Era do raciocínio quântico.

Jaime Teixeira Júnior
o20nivel@gmail.com

Primeira Edição: Fevereiro de 2015

CreateSpace is a DBA of On-Demand Publishing LLC, part of the Amazon group of companies.

TÍTULO

Raciocínio Quântico, A era do - 1ª ed. 1ª revisão.

Teixeira Jr, Jaime.
Jaime Teixeira Júnior / Raciocínio Quântico, A era do.
Lavras do Sul; Fevereiro/2015.
1. Autoajuda; 2.Estilo de vida; 3. Literatura Brasileira.
2. Escrito na República Federativa do Brasil e impresso nos Estados Unidos da América do Norte.

Escrito e impresso na República Federativa do Brasil.

1ª Edição/1ªRevisão – Fevereiro de 2015 Book in Portuguese language.

Jaime Teixeira Júnior – A Era do raciocínio quântico.

"As horas decisivas da vida, quando a direção dela muda para sempre, nem sempre são marcados por dramatismos ruidosos. Aliás, os momentos dramáticos das experiências que a alteram são frequentemente muitíssimo discretos. Quando exibem os seus efeitos revolucionários e se certificam que a vida é mostrada a uma nova luz, e fazem silenciosamente. E é nesse maravilhoso silêncio que está sua especial nobreza". *Night Train to Lisbon[1] (Trem Noturno para Lisboa- Português.) (00h19min: 45,040).*

---

[1] Filme de Bille August, baseado na obra homónima do escritor suíço Pascal Mercier, coproduzido pela Alemanha, Suíça e Portugal.

A ERA DO RACIOCÍNIO QUÂNTICO

A ESSÊNCIA
DO PENSAMENTO
QUE NOS RECONECTA
COM A MECÂNICA
DOS EVENTOS
NA REALIDADE QUE
NOS CERCA.

"A minha maior motivação é saber que meus aplicativos tornam a vida das pessoas um pouco mais fácil e simples. Não há sensação melhor do que ver as pessoas usando suas criações" Ben Pasternak. [2]

Este é um livro para ser usado. Várias vezes.

---

[2] Jovem de 15 anos que inventou um dos aplicativos mais populares da Apple e atualmente é cotado pelo Facebook e Google.

SUMÁRIO

*Para João Francisco, Mônica, Gabriela, Bento
e José Ravi. Meus irmãos, que por convenção,
são habitualmente chamados de "netos".*

Jaime Teixeira Júnior – A Era do raciocínio quântico.

PREFÁCIO

O que eu quero de você:
Se você gostar do livro, eu quero que você espalhe este conhecimento. Tenho certeza que é um conteúdo que vale a pena espalhar, por que você estará espargindo um conhecimento, uma cultura cientifica e fazendo um bem pela evolução por que ele será mais vasto e então, mais intenso por que estará nas mentes de mais e mais pessoas.

Se quiser emprestar, fique à vontade, pois é seu, e só você sabe quantas vezes terá que consulta-lo novamente.

Mas eu quero mais: - Quero que você se lembre de que nós seres humanos acreditamos muitas vezes que a vida de todos os outros é infinitamente melhor que a nossa. Que os outros seres humanos não possuem problemas, que eles moram num paraíso e que tudo são flores e jardins na vida deles, e a nossa é um tormento, um martírio a ser vivido de arrasto dia após dia.

E estes outros que você imagina, pensam a mesma coisa de você.

Percebe como você não estava sozinho neste pensamento? Pois é...

Formas frequência pensamentos, que você vai aprender aqui.

Bem, aqui é que começa o problema e é isto que eu quero que você também saiba para NÃO FAZER: - Quando não temos uma visão e um raciocínio quântico, nós NÃO VEMOS, NÃO SENTIMOS e NEM PERCEBEMOS outras realidades, distintos episódios, outras possibilidades em nossas existências, por que não entendemos a mecânica de sincronismos dos eventos em nossas vidas.

Sem o raciocínio quântico, você vai ler e ler muito conteúdo na Internet, nas redes sociais e vai colocar tudo dentro de um caldeirão, mexer e mexer e provar. E quase nunca sentirá o gosto do paladar que procura.

O raciocínio de quem produz uma ou duas vezes não está preparado para a produção quântica. Estes não vão ajuda-lo em sua busca. Mas outros vão, como a mídia que está muito bem preparada, por que é treinada no pensamento quântico, ainda que em sua grande maioria, não saiba. Os pesquisadores, professores e cientistas que literalmente dedicam quase todas as horas das suas vidas, possuem um raciocínio quântico. Eu não sei se você tem, mas responda apenas uma pergunta para si mesmo e ficará sabendo: - você crê em tudo que vê, lê e ouve? Você compara as informações que recebe quando vê, lê e ouve com outras fontes para chegar mais próximo de uma plausível[3] verdade?

Então o que fazemos com a nossa visão limitada de realidade quando não possuímos um pensamento de inúmeras possibilidades e que nos conduza aquele que mais se aproxima da verdade? Nós fazemos o seguinte: - Começamos a procurar algo semelhante a aquilo que nós imaginamos que é ou como está a vida daquele outro que falamos no inicio e então a "magia" se faz... Concebemos um plano mirabolante, mas não sabemos que é... E quando inventamos... Pode sair uma máquina bem útil ou uma gerigonça sem serventia alguma. Um elefante branco que poderá morar conosco "em nossa casa" por muitos e muitos anos, geralmente é o resultado.

Precisamos fazer crescer o talento para inventar, idealizar e conceber as ideias que estão em nosso mental. Depois, precisaremos de competência para manter a nossa invenção funcionando.

Se acabarmos inventando uma geringonça, então um belo dia, reconhecemos tardiamente que éramos felizes, mas não sabíamos.

Éramos cegos também, pois a nossa "visão" de realidade era única, sem possibilidades.

---

[3] plau·sí·vel (latim plausibilis, -e, que deve ser aplaudido, louvável, plausível). Que se pode admitir ou aceitar.

Jaime Teixeira Júnior – A Era do raciocínio quântico.

Não era uma visão, muito menos, um raciocínio quântico. Não havia alcance, extensão, variedade, era enfim, limitado.
E finalizamos descobrindo que a parcela financeira das nossas vidas é uma imensa energia, mas é certamente a menor parte num todo que fica vazio.
E isto eu não desejo para você.
Jaime

ii

Desde o século 19 com a descoberta dos raios catódicos por Michael Faraday, uma leva enorme de cientistas e pesquisadores, reencontrou uma realidade que vem modificando paulatinamente a essência do raciocínio no homem.

De lá até hoje, nunca mais parou. Os avanços continuam e são fantásticos, e não há data limite para o homem seguir na compreensão da mecânica quântica ao estudar os sistemas cujas dimensões são próximas ou abaixo da escala atômica: - moléculas, átomos, elétrons, prótons e de outras partículas subatômicas e também em descrever fenômenos macroscópicos, como o corpo humano e nossa mente, por exemplo.

Ficar por opção pessoal apartado deste conhecimento, ainda que se inicie no mais básico, é deixar de compreender verdadeiramente as profundas alterações que vivemos no Planeta Terra, como seres sociais, mentais e modificadores nesta imensurável transição que a todos de alguma forma afeta.

Aos nos separarmos da essência mais contemporânea produzida pela mente humana, que é o conceito da energia do elétron contido num átomo em repouso, ignoramos nossa relação mais intima com o cotidiano e como podemos interferir para melhorá-lo.

É nos afastarmos por opção pessoal da descoberta de que as ondas e frequências do qual toda a energia é feita pode ser explicadas como um envio de "pacotes de energia", chamados quanta.

É também deixar de compreender em quê este movimento científico-filosófico foi, é e será ainda capaz de promover em nossas vidas.

É abrir mão de compreender mais e melhor as profundas mudanças que vêm ocorrendo na mente e na sociedade humana, na Terra, na forma de nos relacionarmos com a realidade que nos cerca e tentar entende-la sobre outra ótica de distintas possibilidades.

Jaime Teixeira Júnior – A Era do raciocínio quântico.

Existe o Pensamento quântico e os eventos quânticos. Os eventos quânticos dizem respeito à mecânica quântica que envolve aos episódios relacionados às oscilações do átomo e das suas partículas e subpartículas na matéria e é explicada pela Física quântica. Diz respeito às particularidades e características do átomo.

O raciocínio quântico é uma maneira de trazer para a mente consciente as proposições da mecânica quântica infinitamente superior, e já comprovada.

Neste plano "superior" (em relação ao átomo) no qual nos encontramos em nosso cotidiano, quando estamos pensando, nosso raciocino é automático, e o "piloto" é a mente inconsciente.

Incorporar na mente consciente, ou no Eu Médio, uma visão mais elevada das inúmeras possibilidades de um único evento dos acontecimentos ocorridos no passado ou ocorrendo no presente mais momentâneo ou por ocorrerem no futuro é o objetivo do raciocínio quântico.

Ainda que nosso cérebro (e seus neurónios e terminações nervosas) tenham todas suas funções operando de forma quântica, nosso Consciente ainda não trabalha desta forma, e a tendência é a de limitar todas as ocorrências para "facilitar" a nossa existência. Esta tendência é forte e exercida pelo Inconsciente com a ajuda de "criadores intencionais" de realidade, que compreendem esta mecânica, e a usam contra você e em favor deles.

Uma das características da ausência do raciocínio quântico é a que se vê atualmente: - a tendência da grande maioria em acreditar em tudo o que lê, vê e ouve, "sem questionar"; isto faz parte de um "adensamento" ainda maior da mente consciente, para reduzir até o ponto mais próximo da unidade (o "1"), a quantidade de possibilidades de todos os eventos do nosso cotidiano, nos transformando em meras máquinas de reprodução e aceitação de "conteúdo ou realidade" criado por aqueles que possuem "poder", no plano do Planeta Terra.

Jaime Teixeira Júnior – A Era do raciocínio quântico.

Um exemplo moderno da ausência do raciocínio quântico são as "false flags", ou "operações de bandeira falsa", uma característica notável e macabra de uma atividade que domina nossa sociedade mais intensamente no último século e diz respeito às intervenções em nossa sociedade administradas por governos, corporações, as "mega-hiper" organizações de saúde, alimentação, construção, segurança, extração mineral, recursos naturais, religiosas, etc. que aparentam ser realizadas pelo oponente, mas de fato tem origem no próprio parceiro, de modo a tirar vantagens dos resultados decorrentes.

O nome "bandeira falsa" foi retirado do conceito militar de utilizar as bandeiras do inimigo, como forma de "entrar" no território oponente. Operações de bandeira falsa foram realizadas tanto em tempos de guerra como em tempo de paz, muito mais em tempos "de paz", por que é mais rápido, mais limpo, custa menos, há uma grande divulgação, e a maioria se convence mais rapidamente e tudo fica mais fácil para seguir adiante.

Este livro trata, portanto, de unir o raciocínio aos conceitos ratificados da física quântica, trazendo para a mente consciente a responsabilidade de perceber que a realidade tem inúmeras possibilidades (ondas) e que, admitir apenas uma, ainda que nos conserve confortáveis em nossas casas e vidas, não transformam o mundo, mas muito pelo contrário, poderá mantê-lo refém dos verdadeiros criadores de realidade deste Planeta.

Raciocinar quanticamente é aumentar as probabilidades da mente consciente dentro da realidade que nos cerca expandindo nosso "campo de visão" obrigando-nos a olhar para onde antes, não tínhamos percepção nem visão alguma.

iv

Em período remoto, mas insignificante para o tempo da Gênese do Universo, quando o Homem habitava as montanhas da Terra e cunhava uma dura vida junto a sua família era uma época onde existia uma intima relação entre os indivíduos e o Criador. Era do domínio de todos aqueles, naquelas eras, e que viviam em uma coletividade ocorrer normal e naturalmente o encontro frequente com o "Pai". Era uma aptidão de tal disposição em manter esta relação sem grande trabalho, sem esforço para dirigir-se a Deus e Dele obter os caminhos para continuidade da vida, muito comum. Fazia parte da existência.

A "inspiração" Divina no homem se manifestava sob várias formas e era mais facilmente reconhecida, do que atualmente.

Com o passar dos milênios, e o crescimento da humanidade, isto mudou.

A conexão entre Deus e os homens, esta não se desfez, nem jamais se romperá, por que somos gênese da Criação. Ele está sempre em nós, por que nós somos Ele. Apenas que, tal vinculação, não é unilateral, mas uma via de duas mãos.

O caminho que se rompeu parcialmente foi a relação do Homem para Deus, a via que vai da humanidade, para a Criação.

O Homem foi crescendo, se desenvolvendo conquistando, e a sociedade criada a partir daí, foi dominando outros homens e os mantendo sob cárcere, de várias formas: - presos por leis corruptas que defendiam interesses pessoais que poderiam abalar as conveniências e vantagens das cobiças pessoais daqueles que mantinham um "sistema" devasso, ou ainda, escravizados por infringir direitos universais de sobrevivência do Homem na Terra, e sob muitas outras formas a humanidade sempre esteve nas mãos daqueles que "chegaram antes" e tomando conta, criaram fortunas para escravizar e manter suas posições de riquezas.

Uma das características principais da espécie humana é a adaptação. O Homem se adapta com facilidade a várias situações

17

para sobreviver e se manter vivo. Isto é comandado pelo nosso inconsciente. Veremos isto neste livro, também. Então por conta desta "adaptação" animal natural, os mais fracos em relação ao poder instalado, foram se habituando, se acomodando acreditando ser uma adaptação natural, ao mesmo tempo em que iam esquecendo e perdendo a capacidade correspondente de estar intimamente conectados com Deus.

A descrença foi tomando conta dos corações, e então a inteligência intuitiva do coração, foi se desfazendo dando lugar exclusivamente ao racional, basicamente o receio de não continuar a viver ditado pelo inconsciente com base no medo, e nas exigências atribuído pelos regimes aos seus cidadãos.

E o tempo passou, a humanidade ficou ainda maior, e ainda mais aprisionados numa sociedade que não cansa de escravizar. Há milênios.

Então a "responsabilidade" não é de Deus... Mas dos próprios homens.

Mas Ele nunca nos abandonou. Ele nos deixou a capacidade de aprendermos, e com o conhecimento adquirido, libertar-nos individual ou coletivamente.

Vez ou outra Ele envia grandes homens com propósitos enormes de modificação dos rumos da nossa história. Eu vou citar Jesus, por que é minha intimidade maior, mas pode ser um modificador, um transformador técnico, cientifico, como estes que são citados neste livro.

Os anos seguintes após a partida de Jesus, a Igreja do Cristo cresceu nos subterrâneos de Roma, e todo cristão era perseguido e morto. As perseguições generalizaram-se em todas as províncias romanas por muitos anos e foi impossível determinar o número de mártires e as várias formas de martírio.

A perseguição e o extermínio de Cristãos foram levados a cabo por que os ensinamentos que eram passados nos cultos dos subterrâneos aos iniciados tinha um enorme poder, tão grande que se espalhou e tomou conta de Roma tanto que foi necessário caçar Cristãos por todo o Império Romano para eliminar a liberdade que este conhecimento dava aos homens.

Por fim os ensinamentos que tornavam cada indivíduo livre foram apagados, e a nova ordem assumiu.

O que isto tem a ver com raciocínio quântico? Tudo.

Há 20 anos quando me falavam de curandeiros e benzedeiras, eu não julgava. Nem acreditava ou desacreditava. Eu respeitava como de fato sempre reverenciei as crenças de qualquer um. Hoje, se você me perguntar se eu acredito em benzedeiras ou curandeiros, em benzedura ou cura, em Xamãs, eu acreditar ou desacreditar, tornou-se tão irrelevante como é você apontar para uma cadeira e perguntar-me se eu acredito que aquilo é uma cadeira. É irrelevante. Não cabe contestar se é ou não é; simplesmente por que é uma cadeira.

Parece que os ensinamentos mais essenciais e extraordinários foram apagados. Ledo engano. Ele sobreviveu nas mentes de todos quantos já estiveram sob a Terra, antes do Cristo e depois Dele.

Hoje eu sei, assim como você ficará sabendo, que toda esta capacidade inerente ao ser humano, se chama hoje de "mecânica quântica", que trata do estudo dos sistemas físicos com dimensões próximas e abaixo da escala atômica, tais como moléculas, átomos, elétrons, prótons e de outras partículas subatômicas iniciado com Einstein, muito embora também possa descrever fenômenos macroscópicos em diversos casos, sempre existiu e sua compreensão nos mostra como tais coisas ocorrem.

A inteligência intuitiva que reside no coração, e que nos conecta em nossa via (aquele que está parcialmente fechada) não acabou. Adormeceu, e começa seu despertar cada dia mais rapidamente.

Hoje quando sentimos emoções muito positivas como gratidão, amor, ou apreciação, o coração bate intenso e uma mensagem muito diferente se produz. O coração emite um grande campo eletromagnético que é produzido no corpo e muita informação pode ser transmitida e recebida a partir dele. "A informação emocional é realmente codificada e modulada para estes campos. Ao aprender a mudar as nossas emoções, estamos mudando a informação codificada nos campos magnéticos que são irradiadas pelo coração, e que pode impactar aqueles que nos rodeiam. Estamos fundamentalmente e profundamente ligados uns aos outros e ao próprio planeta. "-Rolin McCratey, Ph.D, diretor de pesquisa do Institute of HeartMath.

Das curandeiras e benzedeiras, De Einstein, Bohr & Heisenberg, Young & de Broglie, Einstein & Schrödinger, até as pesquisas de Arcady Petrov & Grigori Grabovoi em a "A Luz da Eternidade", mostrando a regeneração do corpo humano, Eric Pearl com o trabalho da Reconexão, todos os grandes cientistas e pesquisadores que mudara as perspectivas da humanidade, e mais tantos outros estão falando para acordarmos neste conhecimento de **reconhecimento** da nossa natureza Divina, e mesmo você que sabe que pode mudar a sua forma de pensar, elevando-a a um patamar que mostrará o quanto as possibilidades são inúmeras, existe um propósito que é infinitamente superior aos nossos anseios atuais de um bom emprego, uma fonte de energia financeira que nos mantenha vivos e saudáveis, felizes e tranquilos sobre a face da Terra numa forma social já há muito ultrapassada.

São os propósitos da Criação que precisam ser retomados, e que o sistema social existente hoje insiste em se manter.

A minha contribuição para você **reconhecer** e **rever** o mundo que nos cerca, pode começar aqui.

Uma forma não diferente, mas esquecida que fará lembrar que a realidade possui inúmeras possibilidades de ter, ser ou estar sendo constituída neste exato e ínfimo instante de tempo, por inúmeras formas ou maneiras, do ponto onde sua vida está para trás ao infinito, e do ponto onde sua vida está para frente ao infinito, em eventos igualmente incontáveis e inúmeras conexões sendo que a maior de todas elas é a conexão com a Criação.

Jaime Teixeira Júnior – A Era do raciocínio quântico.

Pois tudo, mas tudo é campo e energia no campo, e energia pode ser aumentada, diminuída, compensada, trocada, e finalmente direcionada dentro deste campo que a tudo e a todos conecta no infinito Universo.

v

Este livro revela o conhecimento de um potencial desta parte da ciência que permite mostrar como é possível correlacionar todos os eventos na vida com os episódios que nela ocorrem tendo por base o mundo quântico.

Eventos subatômicos quânticos ocorrem na matéria desde a sua criação aqui em nosso plano/dimensão do Planeta Terra, e, por conseguinte, nos seres vivos (por que somos feitos de matéria) sem a nossa mínima intervenção. Fazem parte dos processos autônomos da nossa existência do qual não tínhamos, até os anos 20 do século XX, o menor conhecimento. Hoje a ciência estuda e reproduz inúmeros eventos quânticos, como o de tele transporte de informações entre duas ou mais partículas previamente entrelaçadas. Atualmente, são enviadas informações do "estado" de uma partícula para outra que está a milhares de quilômetros de distancia. Mas a natureza faz isto desde a Criação do Universo (ou do que conhecemos como Universo) e a transmissão se dá instantaneamente, a qualquer distancia, e nenhuma barreira impede esta "comunicação". O conhecimento, ainda que básico, é a expectativa por muitos seres humanos, iguais a mim e a você, que já confirmaram que o ser humano pode valer-se desta capacidade em benefício próprio, trabalhando de forma similar aos eventos quânticos que ocorrem em nosso corpo, por exemplo, e trazendo para "fora", para o âmbito da realidade que nos cerca, e manipulando estas energias, aproveita-las em nossas vidas.

É disto que trata este livro.

Uma compreensão imensa que para mim era totalmente obscura antes de entender um pouco, se aclarou quando comecei a ler e compreender física quântica.

Muitas das coisas que eu não entendia se abriu como uma porta como se atrás dela, um enorme oraculo respondesse a muitas das minhas ambiguidades.

Eu tinha uma enorme dúvida em relação as nossas escolhas, e com os conhecimentos que a física quântica vem me trazendo, eu descobri que inúmeras são as possibilidades, incontáveis são as escolhas, e podemos lançar mão de qualquer uma delas, mas uma única delas, em um único evento. E somente uma. Mas como os eventos são infinitos... As escolhas também o são, ainda que subsequentes.

Uma vez decidido, aquilo é para sempre em nossas vidas, e dando certo ou dando errado, era exatamente a escolha que você deveria ter feito, ainda que ficasse milhares de anos (se possível fosse), pensando em qual possibilidade eleger, você sempre escolherá aquela que tem que ser ou deve ser.

Incrível não? Sim, incrível. Por que sentimentos como culpa se esvai, se finaliza. Há um renascimento, e a possibilidade de novas experiências, pois você se dá o direito a uma nova vida.

Materialmente falando, aqueles mais ricos não ficam chorando as magoas por perdas materiais em suas vidas. Eles perdem uma, mas ganham outras tantas. Se ficassem lamentando, teriam a vida toda para amargurar uma única perda. Seria uma vida inteira de perdas então.

A outra e mais incrível, é que ainda que você possa fazer apenas uma única escolha, você com o conhecimento básico de física quântica têm condições de "escolher a melhor das escolhas...".

Eu não sou um educador. Este livro não trata de educar seu filho. Muito do que você fez em relação à educação do seu filho (a) há um ano, provavelmente você em algum momento pode dizer "que teria feito de outra maneira", ou ainda "não era assim que eu deveria ter educado".

No momento que você entender que ser pai ou ser mãe é um aprendizado constante em "via dupla", na ocasião em que você perceber que o seu filho começa a ensinar a você pai e mãe desde a fecundação, e mais intensamente a partir do momento que vocês sabem que "estão grávidos", um enorme aprendizado se inicia, e ele vem do seu filho para vocês e vai de vocês para ele.

No entanto, desde que compreendi as possibilidades de uma nova consciência uma vez que muitas das dúvidas se aclaravam (ainda que não aceitasse), eu passei a falar com meus filhos com um "raciocínio quântico", correlacionando muitos dos eventos da vida diária que tomávamos conhecimento com os aspectos isolados desta ciência.

Isto trazia e traz um "up" no entendimento até mesmo de filmes, novelas, relacionamentos, enfim, toda a relação humana e o que dela advém no dia-a-dia; começamos a ver "com outros olhos", numa visão mais profunda e mais além que nos permitiu, por exemplo, entender a real história por detrás de uma história. Inúmeras ligações começam a se reproduzir em nosso cérebro, e conexões antes impensáveis, passam a fazer parte do nosso cotidiano nos dando possibilidades de ajustar os eventos das nossas vidas.

Então eu não sou educador, mas inclui na educação dos meus filhos, ainda que eles já tenham passado da adolescência, esta nova forma quântica de pensar.

Foi só agora em 2014 que eu me perguntei: "-Se os pais pudessem ler a respeito, de uma forma simples, mas consistente sobre física quântica, e se este entendimento penetrasse nas mentes deles e se os progenitores pudessem passar para seus filhos os fundamentos do pensamento quântico, desta maneira de pensar, como eu faço com meus filhos é obvio que eles ganhariam muitos anos à frente de qualquer outro. Chegariam à escola, às provas e nos concursos, muito mais aprimorados e com mais facilidades para o aprendizado e aprovação e estariam em alguns meses, mais preparados para escolher melhor todas as coisas em suas vidas.".

Os adultos parecem cansados. Quem está com a vida tranquila, não muda, e quem não está ainda procura. Ambos, infelizmente, o que é uma pena, não tem tempo para ler e parece pouco se importarem por comodismo ou por falta de ocasião, dependendo da situação, a tentar compreender melhor o mundo que nos cerca.

Assim, para facilitar esta falta de tempo ou redundância de acomodamento daqueles que estão em uma zona de conforto escrevi A ERA QUÂNTICA – este livro, esperando que vocês, pais preocupados com o mundo onde seus filhos vão viver futuramente, uma sociedade acirrada, competitiva, tecnológica, "tecnificada", se permitam se abrir e incluir na vida de seus filhos, em qualquer idade o pensamento quântico, e as formas e possibilidades que a vida abrirá ao raciocinarmos nesta nova e proveitosa maneira.

EXPANDIR, DESENVOLVER E CRIAR. Assim será sua mente e a mente dos seus filhos num futuro não muito distante. Pelo menos a necessidade será está. Aliás, já é. Será mais. Seus filhos estão preparados?

vi

Quando você começa a introduzir em sua vida o pensamento quântico, os resultados são impressionantes.

Ocorrem manifestações de natureza variada em nossas vidas e seguem sucedendo a todo instante. Um "insight" atrás do outro, sem parar.

Já pensou esta forma de raciocinar como não seria interessantíssimo para a mente dos nossos filhos, na Escola?

A partir do resultado destas manifestações, você começa a repensar sua caminhada, e com você, seus filhos. Você começa a escolher, o que "melhor pode ser escolhido.".

O DOMÍNIO DA FÍSICA QUÂNTICA BÁSICA é muito importante; os resultados são tão intensos, que dá um relativo e coerente temor por começar a ver o todo a sua volta, com outros olhos, com mais profundidade e ainda mais à frente.

Muitas respostas vêm a todo instante.

Quando este pensamento remodelado se "abre", ele gentilmente toma conta do seu dia a dia e carrega consigo, um retorno que eu chamo de "sincronismo" que em um primeiro momento, não entendemos, mas logo a seguir, esta "sincronicidade" nos conecta a elementos da vida, onde, pasmem, estão as respostas que precisamos para perguntas que NEM IMAGINÁVAMOS ter que fazê-las; - Nós recebemos respostas para dúvidas que teríamos no futuro, ou seja, você percebe que aquele evento que você acabou de passar de alguma forma será útil para você, e sua família logo a seguir, em um a dois dias.

Ou você faz alguma coisa que é longa e duradoura e não tem a menor ideia para o que servirá. Mas você faz. Neste livro, no capítulo sobre BIONERGIA, eu escrevi muitos meses antes de imaginar sequer escrever um livro para ajudar aos pais a desenvolverem seu pensamento quântico, e somente depois, quase ao final deste livro eu entendi que era aqui o lugar dele. Isto não é incrível? Passado e presente se misturam no Pensamento Quântico, mas mantém sua integridade e personalidade de cada época; não se assustem.

Aqui no Prefácio do livro você já está recebendo uma série de informações em estado quântico que não imaginava ser possível não é verdade? Mas é.

O Pensamento Quântico nos religa ao mais importante, a NATUREZA DA VIDA e suas ORIGENS. Por quê? Ora, por que os estados quânticos ocorrem a nível subatômico, e tudo o que podemos ver, é formado por átomos, portanto, esta "consciência" quântica esta inserida em toda a matéria. Inclusive numa pedra, que hoje você acha ou acredita que não tem vida, nem consciência. Mas ao contrário. Sim a constituição física de um cristal, possui sua consciência relativa.

"Este livro vai deixar a mim e aos meus filhos loucos". Não você provavelmente pode estar um pouco insano é no agora. Estamos todos sofrendo uma imensa dominação por uma realidade que desconhecemos e que nos manipula sem dó nem piedade.

A maioria dorme e acredita em Papai-Noel. Conheci alguns que tinha certeza que Deus morava de fato numa nuvem e enviava raios, com as mãos, em um dia de tempestade.

É hora de acordar para renascer. Precisamos deixar de sermos ingênuos, por causa da incapacidade de pesquisar e comparar e saber se é verdadeiro. Precisamos de informações reais e fidedignas, senão o comportamento igual a grande maioria vai nos levar e aos nossos filhos para onde todos já foram: - O mesmo lugar, um vazio imenso.

Até os animais você passa a vê-los de uma forma completamente diferente do que via antes. Posso antecipar para você alguns aspectos: - você os enxergará como cidadãos do Planeta Terra, como colaboradores da espécie humana e esperando pela colaboração do homem na vida deles. Você já teve oportunidade de perceber como os animais evoluíram em pouco mais de 20 anos? Não? O último vídeo que eu assisti, eu vi um golfinho jogando bola com um menino de não mais do que uns quatro anos de idade.

Mas já vi tartaruga ajudando outra a desvirar o casco entornado para baixo; já vi cachorro ajudar a tirar outro da via expressa; já vi pássaro dançar ao ritmo de uma musica; já vi um sujeito tocando sax no meio campo e os animais a centenas de metros de distância se aproximar aos poucos e curtir a musica, e ainda reclamar quando ele parava de tocar; eu já vi felino pedir carinho para o dono batendo com a pata no ombro todas as vezes que desejava ser amimado; eu já vi cachorro desmaiar por que há muito tempo não via a dona, e por aí vai. São inúmeros os exemplos.

São os "naturais da vida" que não imaginamos que exista. Passamos a compreender os distintos níveis de "vida", nem superior, nem inferior, adequados. Passamos a entender que "vida" não é apenas por que eu escrevo e você lê, por que falamos a mesma linguagem, por somos parecidos e da mesma espécie, os humanos. Vida vai além destes critérios que ficaram defasados no tempo e no espaço, para além de tudo o quanto você sonhou ou imaginou. Ora, dirá você, uma pedra ter vida...

O pensamento quântico nos "conduz" por sons, palavras, sonhos, insights e tantas outras formas de relacionamento interpessoal (você e a Fonte) que seria impossível descrever todas, pois são inúmeras as formas que o sincronismo da Criação permite ou concede de conectar você ao seu novo caminho.

Existem ainda as situações que precisávamos passar na vida, e não sabíamos, mas quando elas ocorrem, acreditamos que não estamos preparados, mas estamos. Os mecanismos da Criação nos apronta sempre.

Conheço pessoas que ao atingirem uma vibração quântica, as leva a um estado que pode conectá-las com a linhagem familiar; que lhes permite algum tipo de "regeneração" em seus familiares, como dores, torções, inchaços, tudo isto em função da recriação da matriz quântica, e "reorganização molecular", algo que será muito comum no próximo século. Basta entender seu funcionamento. E da mesma forma você.

Assim, o que seria considerado charlatanice há alguns anos, hoje é visto por importantes pesquisadores, como uma forma de redirecionar e de reorganizar a malha atômica, através da manipulação da nossa bioenergia. Inúmeras serão as sensações quando você começar a expandir seu corpo, vibrando todos os átomos que o compõe, e se permitindo a infinitos saltos quânticos: - náuseas, tontura, medo, tristeza e por fim, uma sensação enorme de felicidade e muitas graças em conhecimento e iluminação.

Então você vai pensar e dizer: - EU NÃO QUERO ISTO! Estas "sensações" são reações de limpeza, expurgo e purificação para um perfeito salto quântico.

Não há como receber o novo, em um ambiente poluído.

O raciocínio quântico é uma forma de manipular nossa bioenergia capaz de gerar campos de força e transformar os eventos das vidas dos nossos filhos e as nossas, para melhor.

Eles serão e estarão mais participativos, conectados com o Mundo, então a "sincronicidade[4]" permitirá á Criação ajudar por que estarão mais vinculados, religados.

O domínio do pensamento quântico é para EXPANDIR, DESENVOLVER E CRIAR, e não pedir e ficar esperando. Naturalmente a participação do "Ser" em sua própria "Vida", dominando-a tornar-se-á vital no dia a dia. A partir do entendimento suas reações serão delineadas a cada passo seu e do Universo para com você e seus filhos.

O objetivo é que seus filhos se tornem mais espertos que os demais, e não sejam simples pedintes em grupos da escola onde as crianças pedem: "-faça por mim", "-ajude a mim e a fulano". Não. Seu filho será um adulto para colocar o "verbo" em "ação", com

---

[4] Sincronicidade: conceito desenvolvido por Carl Gustav Jung (psiquiatra e psicoterapeuta suíço que fundou a psicologia analítica) para definir acontecimentos que se relacionam não por acaso e sim por possuírem alguma relação de significado. Os eventos "sincronísticos" tem um significado igual ou semelhante em eventos das nossas existências. A sincronicidade é também referida por Jung de "coincidência significativa".

personalidade forte e participativa, fundamental, essencial, no mundo vindouro, e todo pai e toda mãe, deve entender o sentimento de "dever" em trabalhar em conjunto o pensamento ou raciocínio quântico com seus filhos.

Senão não há ação. Não se deve entregar para outros resolverem nossos problemas, mas por quê? Se eles querem tanto devem eles mesmos fazer.

Seus filhos terão o raciocínio quântico, e eles irão mandar, mas fazer também, pois só pode comandar, dirigir, ou governar, quem sabe o quê e como fazer. Estas serão as reações deles em qualquer evento das suas vidas.

Então, a euforia, a alegria, o contentamento, será o resultado final dos vencedores com o pensamento quântico.

Seus filhos serão os donos da própria vida; eles farão a vida do jeito deles e da melhor forma possível.

Os outros farão a vida do jeito que a vida quiser como tem sido com a maioria.

Aguentará quem puder, por que vencerá quem quis muito, e quem não quis terá de aceitar o que vier. Não houve participação em sua própria vida mesmo!

Então, nosso organismo físico também reagirá, somaticamente frente ao processo de EXPANDIR, DESENVOLVER E CRIAR; nosso corpo ficará sob estresse para a limpeza, mas logo a seguir o novo se instala.

Pertencerá ao espírito reagir às mudanças que você pretende, utilizando seu corpo para se expressar.

A limpeza é para que o novo se assente.

O fator emocional apesar de tenso, ele se autocontrola, e aos poucos você e seus filhos começarão a perceber o inicio de uma paz sem igual, por que compreenderam.

É quando o caminho começa a ser construído a sua frente.

Jaime Teixeira Júnior – A Era do raciocínio quântico.

Aquilo que não existia ou estava como ouro brumado, se revela no Pensamento Quântico.

Agora é por ali sua jornada.

Cabe você aceitar ou não.

Se não aceitar não continuará da mesma forma, por que você teve um "segredo" revelado, e então terá (ou teria) que conviver a sua vida anterior ou atual, com uma "chave" que é importante apenas para a próxima etapa.

Seria algo bastante contraditório, e talvez muito duro conviver com alguma revelação que não cabe na sua vida atual.

Eu segui forte trabalhando a compreensão da física quântica básica. O pensamento Quântico pode ser libertador.

Mas você que é pai ou você que é mãe deve se permitir não esquecendo que se "queres algo, precisas antes de outra coisa". Sempre será assim.

EXPANDIR, DESENVOLVER E CRIAR.

Obrigado.

Jaime Teixeira Júnior.

Autor

Introdução i

Hoje, eu posso dizer para você o seguinte: - seja lá o que estiver fazendo agora, neste exato momento, ai mesmo onde está. Não importa. Qualquer coisa que seja e quando for. Existe um motivo para você estar aí neste exato momento fazendo o que está fazendo, por que todos os momentos são perfeitos e todos os atos tem um motivo ainda que as possibilidades para realizar este ato estejam sendo inúmeras. E mais: - você está aí neste exato lugar fazendo o que está fazendo, por que no infinito tempo do passado existiram seus ascendentes que viveram e fizeram alguma coisa num exato momento da vida deles onde estavam e que levou você até aí. E... Seja lá o que estiver fazendo agora, neste exato momento, ai mesmo onde está. Não importa. Qualquer coisa que seja e quando for ecoará pela eternidade um instante após ter sido feito, para toda sua descendência.

Isto é algo que você pode fazer por você e por seus filhos, por que é conhecimento com potencial de transformar para melhor a vida deles e os filhos dos filhos dos nossos filhos com base no conhecimento da linha de vida e dos atos que tomamos nela. Atitudes exigem mudanças, e mudanças é devido à necessidade, mas só a resiliência é que trará a capacidade de se reconstruir na adversidade, mas a paciência deve ser a fonte da perseverança enquanto aguardamos nossa adaptação a uma nova e necessária realidade na compreensão da nossa responsabilidade na linhagem da nossa família.

Aqui pode ser o começo, portanto, paciência e calma para entender. E vontade. Mas, não esqueça: - Vontade não é nada sem conteúdo. *"As horas decisivas da vida, quando a direção dela muda para sempre, nem sempre são marcados por dramatismos ruidosos."*

ii

Uma base científica para começar

Você que está lendo este livro, saiba que neste momento, todos nós somos brindados com algo que somente estas gerações poderão presenciar. Todos nós, vivemos um momento único no Universo.

Somos alguns de algumas dezenas de gerações (Considera-se como período de tempo de cada geração humana cerca de 30 anos) que estamos vivemos uns momentos únicos no Universo.

Nem antes nem depois haverá outro período como este: - toda a matéria está perdendo densidade, ou ainda a matéria está perdendo massa então a quantidade de matéria situada no "mesmo lugar", antes era mais e mais pesada, hoje é menos e mais leve. Isto é dito por Lawrence Krauss - é um físico norte-americano. Ele é um defensor do ceticismo científico, biologia educacional e da ciência da moralidade. (Wikipédia)

A palestra completa com legendas em português você pode assistir aqui: http://youtu.be/WZnslD4hhS8

A partir de agora, cada vez mais intensamente iremos experimentar inúmeras mudanças em nosso meio ambiente. O Universo se expande, a matéria também, e toda matéria é constituída por átomos.

Nós somos matéria constituída por átomos que é a unidade básica de matéria. Consiste num núcleo central de carga elétrica positiva, envolto por uma nuvem de elétrons, uma partícula que orbita o núcleo, e que possui carga negativa.

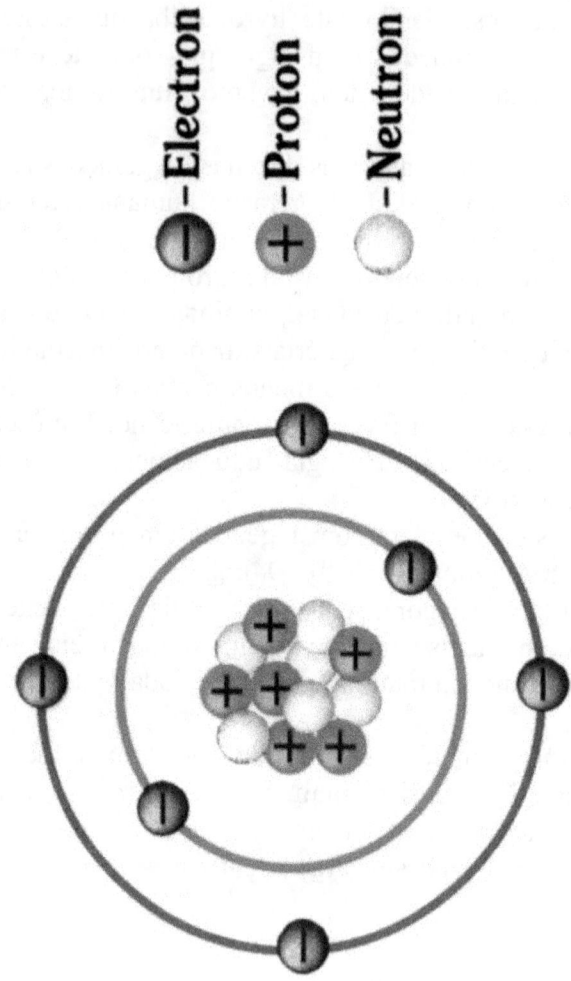

Esta imagem é a representação de um átomo de Carbono,

elemento do qual todos os animais, insetos são feitos. Toda a vida no Planeta Terra é constituída por átomos de carbono, com seis prótons, seis nêutrons em seu núcleo e seis elétrons orbitando. Nosso corpo é constituído por 7.000.000.000.000.000.000.000.000.000 (são 27 zeros à direita) de átomos e possui aproximadamente 10 trilhões de células. A gigantesca sequência é pronunciada como sete octilhões e corresponde à quantidade de átomos que formam o corpo humano com átomos de carbono, que por sua vez compõem nossas células, músculos, ossos, órgãos internos, etc.

A quantidade de células do corpo humano é menor que a de átomos, por que as células são constituídas por átomos.

Toda a vida aqui na Terra é constituída por átomos de carbono.

As imagens a seguir: a primeira o átomo de hélio, e a da página seguinte, o átomo de hidrogênio.

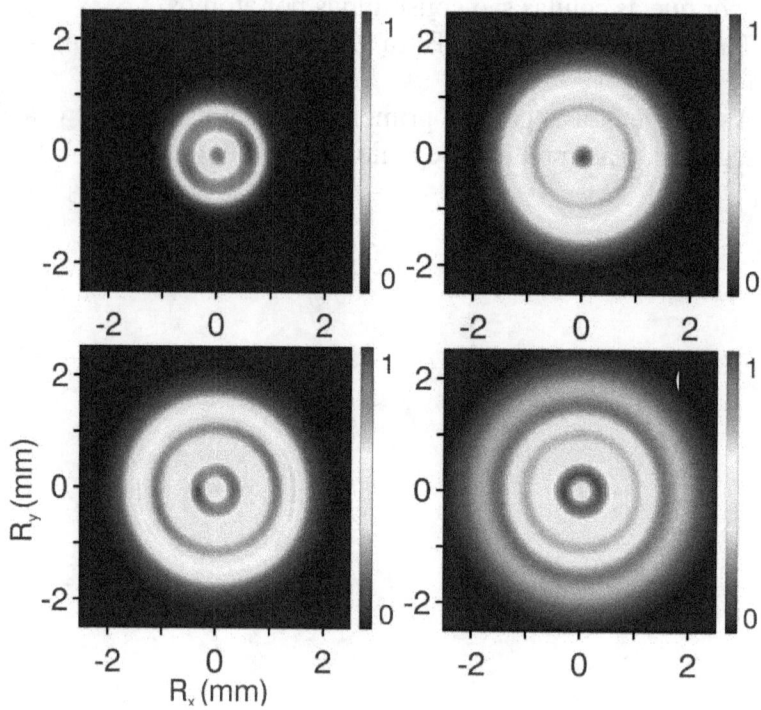

Jaime Teixeira Júnior – A Era do raciocínio quântico.

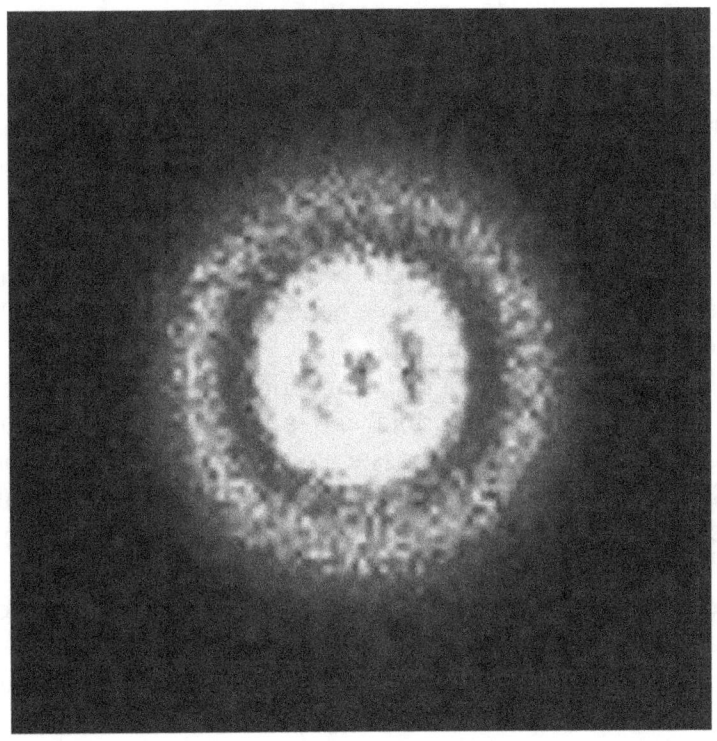

Isto é matéria, e esta matéria esta perdendo densidade, ou seja, vamos fazer uma conta "redonda": - se um corpo fosse constituído por 100 moléculas de carbono, ela teria hoje apenas 70 moléculas de carbono, mas você ainda continuaria vivo. Outro exemplo de perda de densidade é um material que enferruja. Quando algo "enferruja" se diz que o objeto "oxidou" por que quando oxida, ele "perde" elétrons. Mas existe o inverso, quando um material ganha elétrons, dizemos que ele se "reduz". Mas este conceito não vem ao caso agora, apenas a oxidação, para ilustrar.

Originalmente você tinha um corpo de 100 moléculas mas agora tem um corpo de 70 moléculas. Mas tudo o mais perdeu massa. A Terra, os Planetas do sistema solar, os animais, plantas, pedras, enfim, todos os Reinos Animal, Vegetal e Mineral, perdem massa nesta transição demonstrada por Lawrence Krauss.

Corpos menos densos, mas extremamente grandes como o nosso Sol, por exemplo, que é composto primariamente de hidrogênio (92% de seu volume) e hélio (7% do volume solar), e os restantes 1% por outros elementos.

Observe na figura na página anterior: - o átomo de hidrogênio tem um elétron na sua orbita e o átomo de hélio possui dois elétrons. Mas o hidrogênio possui em seu núcleo um único próton, e o hélio, dois nêutrons e dois prótons em seu núcleo, portanto exerce mais força, isto quer dizer que é necessária mais energia para remover elétrons da sua órbita. O átomo de Carbono (volte e observe a figura), contem seis prótons e seis nêutrons, e seis elétrons. E do carbono somos feito, não esqueça.

Assim, o Sol perderá massa muito mais rapidamente que nós em virtude da sua constituição.

Estas são algumas imagens do Sol com enormes buracos:

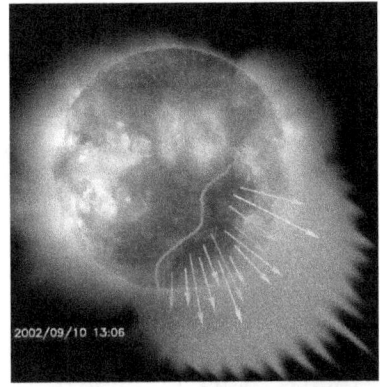 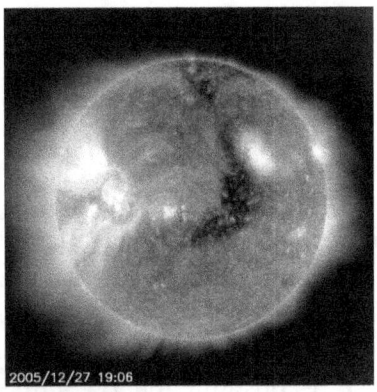

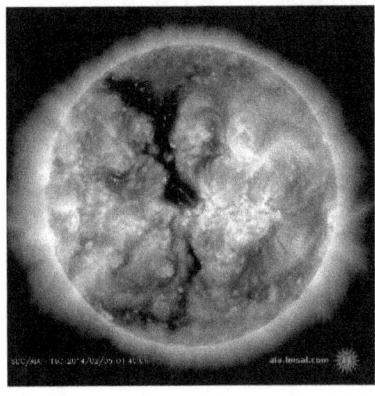

Mais recentemente em 2014. Estas imagens servem para nos mostrar que este fenômeno vem ocorrendo há muito tempo.

O que podemos esperar de tudo isto?

A expansão da matéria está "levando" muita energia, e nós precisamos de energia para sobreviver. Tudo precisa. Energia é transmutável para poder alimentar a vida no Universo, e alimentar as próprias estrelas, galáxias e constelações. Não estamos fora disto tudo.

E isto nos afetará de qual forma?

Estamos partindo para uma evolução onde nossa matéria corporal precisará de uma quantidade menor de alimento, mas o "sistema" que produz e industrializa vai usar imensas táticas para fazer com que você siga consumindo, mas não irá conseguir.

Isto vai causar um colapso financeiro, pois as pessoas passarão a consumir menos, alimentos, roupas, bens, etc. por que não haverá necessidade, nem disposição.

Começaremos a ver o embate entre raças da espécie humana. Uma busca por força, pois nossa bioenergia não se adaptará rapidamente em virtude da necessidade de temperar o espirito e também por que a nossa energia da vida (energia vital/bioenergia) é feita de fótons que são partículas de luz.

É esta energia que a semelhança da energia elétrica que percorre os circuitos do seu computador, também percorre e permeia nosso corpo, fornecendo a "eletricidade" necessária para o funcionamento do nosso corpo.

A espécie humana parecerá "atirada à própria sorte", e a compreensão só chegará após muito tempo de luta. Essa luta para se manter "como estão" começará nos governos usando todos os artifícios e artimanhas para se manterem, nas famílias imperiais, nas famílias do planeta todo, nas linhagens, nas religiões, enfim, nossa "odiosidade" estará a flor da pele por que como crianças que choram para mamar, estará a humanidade. Então será a época de *"O irmão trairá seu próprio irmão, entregando-o à morte, e o mesmo fará o pai a seu filho. Filhos se rebelarão contra seus pais e os matarão.* Pai pode ser interpretado como as nossas nações por conta dos nossos governantes, irmão somos todos nós, portanto a animosidade será o matiz destes tempos de transição onde a matéria perde matéria e se torna cada dia mais sutil.

Crescer consome muita energia, mas a perda de matéria, leva junto consigo outro tanto de energia que em ultima análise não nos é mais útil, mas nos deixará ansiosos, cansados, com sensação de fome, desanimados, tensos, irritados, agitados, mas é o processo de purificação, a "domesticação" para as novas gerações com corpos ainda mais sutis, num Planeta menos denso; - a nossa Terra.

iii

Uma transformação a passos largos

Um pouco mais sobre a transição.

Então você percebe e entende o que isto também significará para nós como espécie. Vivemos um momento único no Universo, mas isto não afeta apenas as estrelas e os planetas. Somos parte integrante desta "infinitude" e nossos corpos são constituídos por elementos moleculares criados há bilhões de anos em alguma estrela que explodiu e lançou seus átomos no espaço.

Tais elementos viajaram em todas as direções atingindo pontos completamente diferentes, e aqui na Terra vieram constituir a matéria do qual tudo é feito: - átomos.

Mas o que significa que a matéria está perdendo densidade? Perdendo massa?

Significa que toda a matéria perde átomos rapidamente. Um momento de transição que será interpretado por nossos corpos como certa "estranheza". A nossa bioenergia está se adaptando, se acomodando nesta nova estrutura, e isto acontece agora em todo o Universo, em toda a cadeia e estrutura atômica.

Nossas mentes se perturbarão. Ficará difícil entender o que está acontecendo, principalmente para aqueles que não se importam em aprender um pouco que seja para se prevenir do que eu vou chamar agora de "distensão".

Distensão é a palavra que encontro para tudo, e que pode resumir o que estamos vivenciando. O Universo se expande e nosso corpo material também. Ao se expandir, as ligações subatômicas se rompem e átomos são perdidos e nossos corpos ficam mais "leves", mas mantém o mesmo tamanho.

Uma "religação" se refaz imediatamente, para manter a integridade da matéria, mas esta religação torna o corpo mais sutil - corpos do mesmo tamanho, mas mais leves, com uma quantidade menor de átomos.

Tornamo-nos mais "aerados".

Vamos imaginar que seja uma rede de pescador. Os fios desta rede, desta malha se rompem, mas para continuar "vivo" é preciso costurar, unir de alguma outra forma o "buraco" que fica. A rede fica "distendida".

Imagine uma esponja: - Ainda que contenha milhões de furos, ela mantém seu tamanho.

E dentro desta "rede atômica" que se expande para manter a integridade do todo e acompanhar o ritmo, a nossa bioenergia precisa se "acomodar" nesta nova "morada". É como se fosse buracos que vão aparecendo em sua casa, e você precisa tapa-los.

O que esperar de tudo isto? Estamos preparados para suportar a quantidade de força que a nossa bioenergia precisa produzir para manter-nos mentalmente saudáveis?

A resposta é não. Não se você não souber o que está acontecendo. Sim, poderemos no manter mentalmente mais saudáveis desde que possamos compreender o que está se passando (não esqueça que nosso cérebro é constituído por átomos também e eles estão se expandindo e se rompendo igualmente; todos os processos cerebrais são quânticos).

Então podemos esperar uma acentuada perda de noção, aonde a maioria de nós irá se refugiar em seu interior buscando uma explicação para tudo o que está vendo ocorrer no mundo. Os indivíduos componentes da sociedade perderão muito do senso médio de convivência social. As nossas ações, mesmo as dos animais dos lugares e até mesmo de objetos que nos parece inanimados adquirem rapidamente a característica de extrapolar radicalmente o senso comum do todo e do tudo que conhecíamos.

Foi o que falei sobre os animais anteriormente.

Para acompanhar o processo de distensão da matéria, nossas bioenergias precisarão se acomodar todo santo dia nesta nova "malha" corpórea, e nela sobreviver e dar continuidade ao nosso dia-a-dia, mas isto afetará muito nossa consciência para melhor ou para pior. Assim, atitudes muito enlevadas e nobres serão tomadas em algum lugar, e outras de extremo mau gosto em outros locais. Isto será diretamente proporcional ao nível pessoal de exigência educacional e pelo autoconhecimento.

Assim, atitudes de crescimento e desenvolvimento do todo e do tudo, serão tomadas principalmente por pessoas mais jovens, cujos corpos já estão mais adaptados a esta nova realidade material. Já em outros locais onde este conhecimento quase hermético é descartado, dando lugar ao estudo antiquado e que não traz perspectivas "consciênciais" de desenvolvimento pessoal, mas apenas se propõe a preparar o individuo para o "mercado de trabalho", estas criarão sociedades completamente apartadas desta era de transformação e de transição.

Veremos sociedades completamente atônitas, e perdidas num contexto Universal, criando as mais estapafúrdias formas de sobrevivência. Lutando uma vida inteira por um salário digno, para sobreviver numa sociedade "cruelizada", enquanto que ao mesmo tempo veremos jovens meninos e meninas de 12 a 16, 18 anos falando como grandes sábios e trazendo novas luzes para aqueles que se perdem na loucura da adaptação que não conseguem compreender.

Veremos e observaremos processos "corruptivos" nas mentes de governantes, "líderes espirituais"; e um crescimento enorme da insatisfação social, e poderemos esperar atitudes contrárias para suprimir estas "revoluções". Tais lideres entendem que são algum tipo de "enviado" e que eles possuem algum tipo de poder Divino que lhes conferem o poder de decidir. E não estão errados. Eles fazem parte desta transição.

Quem tiver olhos aguçados, presenciará inúmeras *"operações de bandeira falsa" (False flag em Inglês). São operações conduzidas por governos, corporações ou outras organizações que aparentam ser realizadas pelo inimigo de modo a tirar partido das consequências resultantes. O nome é retirado do conceito militar de utilizar bandeiras do inimigo. Operações de bandeira falsa foram já realizadas tanto em tempos de guerra como em tempo de paz.* Lembra quando você era criança e tentava dizer que era seu amigo que tinha feito algo errado com perspectivas de receber algum "agrado", mas na verdade tinha sido você? Pois é, isto era uma *operação de bandeira falsa.*

Você aceitaria ser o líder de uma nação onde a maioria o detesta? Eu tenho certeza que a sua resposta é NÃO. Então considere, e você vai achar isto impossível, incompreensível, mas ser um líder rejeitado é uma imensa e enorme missão. É difícil de entender por que não é fácil aceitar. Mas como você respondeu NÃO, milhões de outros também não aceitariam. Apenas aquele que entendesse a missão de ser rejeitado por outros tantos milhões é quem poderia aceitar e organizar a "filosogística" (ou "filosofística" já que este termo não existe mesmo... Mas que não o impede de entender > filosofia+logística) que corresponde ao que estes líderes precisaram se propor a fazer, para quem, como e de que forma. E aceitarem quando estavam apenas como almas ou espíritos a serem odiados ao encarnarem na Terra.

No entanto eles também não sabem disto. Enquanto renascidos e "experienciando" suas escolhas.

Nem nós sabemos.

Agora você não entendeu o que eu disse. Então... Precisamos ir mais a fundo para compreender que cada um de nós em nossas devidas posições possui uma parcela a ser cumprida nesta transição e cabe a cada um de nós lutarmos para restabelecer o equilíbrio que se perderá ao longo dos anos que se seguirem nesta transição.

Esta "distensão" e perda da densidade da matéria, dará gênese a individualidades completamente fora do contexto social, tomando atitudes que hoje denominamos de "falta de noção". Esta ausência de noção é relacionada à perda de equilíbrio da bioenergia dentro dos nossos corpos cada dia mais sutis, e que afetará a mente. Nosso cérebro não para nunca de funcionar. Muito menos nossa consciência que habita a massa encefálica. Imagine um trem que precisa andar sempre, ainda que os trilhos estejam tortos e faltando partes. Ele saltará, pulará, acelerará, reduzirá, mas não perderá nunca sua marcha, ainda que seu movimento pareça completamente maluco.

Assim estará quase a totalidade da humanidade.

Por conta desta distensão da matéria, podemos esperar renascimentos. Amigos, relações de toda espécie e gênero, inclusive as de amor que se afastarão de uma forma ou de outra, quase que para sempre. Imagine o inicio de uma partida de sinuca onde todas as bolas estão organizadas e, por exemplo, a bola amarela está ao lado da laranja, e logo na primeira tacada, a laranja se afasta da amarela e cada uma encontra e já rebate em uma nova bola, numa verde ou numa azul. Um novo encontro, enquanto que as primeiras ficaram para trás.

Assim está sendo a distensão entre seres humanos. Relações desfeitas, profissionais, pessoais e nas relações de amor. Às vezes tranquilas, mas na maioria delas forte as separações, como a primeira tacada na mesa de sinuca.

Podemos esperar uma imensa falta de fraternidade, humanidade e muita falta de gratidão, pela incompreensão em entender por que isto é necessário, mas principalmente por que pessoas sem a devida noção não entendem o que isto significa.

Poderemos esperar, a hipocrisia daquele que se compadecerá pelo outro, mas não moverá uma palha para ajudar. Por que ele também está sem energia.

Grande parte da humanidade fará uso de produtos químicos que prometem ajudar na transição: - drogas químicas para manter a casa da mente e da consciência, "funcionando"; eu falo do cérebro. Como ao mesmo tempo estamos entrando na fase adulta como espécie, saindo da nossa adolescência, o uso indiscriminado destas moléculas será mais prejudicial e dificultará ou mesmo impedirá uma transição menos indolor por que impedirá a malha que se rompeu ser reatada novamente, então existirão enormes buracos na matéria daqueles que fizerem uso excessivo de composto químicos. Isto vale também para o uso de agrotóxicos.

Mas isto também faz parte desta transição por mais incrível, inacreditável e inaceitável que você possa entender ou achar.

Para se adaptar, a bioenergia manterá o que é mais importante: - A essência individual de cada um de nós, aquela que nos acompanha a cada renascimento. Então indivíduos essencialmente maus, serão cada vez mais maus, e indivíduos bons, se tornarão cada vez mais bons. Considere que o entendimento de bom e mau é relativo, ou seja o que é bom para mim, poderá não ser para você, portanto nossas atitudes frente a cada uma destas ações, será diferente em mim e em você.

Mas a essência precisa ser mantida.

Do ponto de vista pessoal, você poderá experimentar: - perda ou ausência de peso momentâneo, como se estivesse a ponto de ficar sem sentidos; este são os momentos de maior adaptação da bioenergia no seu corpo que se torna sutil a cada instante. Sensações de frio, calor, medo inexplicável, angústia, desconfiança, conceitos exagerado de si mesmo (eu sou o maior e o melhor, nada me supera - eu sou uma droga, tudo dá errado) e desenvolvimento progressivo de ideias de reivindicação (alguém em algum lugar me deve algo e alguém em algum lugar ou mais proximamente um membro da minha família é culpado por minha situação atual), perseguição e grandeza. Em alguns casos até alucinações.

A "sincronicidade" da vida ficará mais intensa. Assim você estará, por exemplo, fazendo algo, e muitas coisas relacionadas ao momento em questão da sua vida mostrarão mais caminhos e mais coisas completamente conectadas com aquilo que você está produzindo para ajuda-lo a completar com mais qualidade e rapidez. Seja o que for, mas o Universo precisa que seja completado mais celeremente, e se não for você, será outro.

Você poderá se encontrar envolvido em uma atividade, e de repente algo inusitado aparece para fazer. E você será compelido a fazer, poderá desistir, mas não, continuará e completará esta nova e rápida atividade. E voltará a fazer o que estava fazendo antes e então entenderá de imediato que aquilo que o interrompeu de fato fazia parte do que você já estava fazendo e veio para ajuda-lo ou ainda, para proteger o seu trabalho ou atividade principal.

É o caso do capitulo que você lerá sobre bioenergia e eu não sabia quando escrevi que ele estaria aqui neste livro. Simplesmente parei algo, e comecei a escrever sobre energia vital.

Como nos aproximamos de experimentarmos corpos cada dia mais sutis e bioenergias mais adaptadas, nossos cinco sentidos ficarão mais amplos. Poderemos começar a perceber outras formas de energias que antes não observávamos: - vultos, sombras, vozes, e toda sorte do que entendemos como fenômenos paranormais. O aumento da amplitude das nossas frequências dos nossos cinco sentidos, nos aproximará de mundos paralelos, e sim, começará a ocorrer uma interação muita intensa com outros "mundos". Para eles será tão complexo e novo quanto para nós, portanto não se assuste por que isto também faz parte deste reconhecimento. Lembra-se da mesa de sinuca? Pois então, nesta jornada encontraremos muitas outras "bolas", outras energias e com elas compartilharemos novas experiências.

Não é por que você não enxerga, não sente, não ouve, é que não existe.

Eu espero que você não tenha a ideia pré-concebida de que somos os únicos no Universo... Não por mim, mas por você mesmo.

Então este é o velho mundo que começa a se desfazer frente aos nossos olhos. Ainda está valendo a premissa: - por amor ou pela dor. Por amor é você se esforçar ao máximo por entender verdadeiramente o que está se passando. Como isto? Aplique a sua fé, a sua psicofilosofia, e espere retorno de entendimento. Se funcionar, é verdadeiro, senão, é apenas crença.

Para muitos isto é incompreensível e até blasfemo. Esquecem-se do livre arbítrio e da liberdade que possuem e devem exercer para compreender. Como crianças, sentimo-nos mais confortáveis e protegidos na barra da saia dos nossos pais ou tutores, ou companheiros ou companheiras, como se eles não fossem seres humanos, que também precisam de ajuda. Ninguém possui uma procuração com amplos poderes para falar em nome da Criação. Isto é extremamente infantil.

iv
Nosso manual de instruções

Cada um de nós tem um pouco a dizer, por que estamos conectados SEMPRE com a Criação, através de uma tênue, mas intensa energia que nos liga ao outro lado do véu e de onde recebemos as verdadeiras informações. Você sabe exatamente o que precisa se feito. Muitas das vezes não o faz ou quando faz, sabe que está errado, mas segue. E aquela consciência martelando em sua cabeça. É de lá que vem o que você sabe.

Então você pode contribuir também.

Mas este é o velho mundo que desgastado se rompe e desmorona para dar lugar aqueles jovens que com pouca idade "física" já são inventores, criadores, líderes sociais que pensam na coletividade e no bem comum num mundo totalmente renovado em algumas décadas mais.

Amor, não exclusivamente o sexual, mas tentar ver as coisas de uma maneira mais abençoada. Se você espera isto de alguém, é isto que você tem que dar! Então, se cada um fizer sua parte, com este amor de compreensão, a nossa transformação, a nossa transição neste Universo em expansão será mais tolerável e menos traumatizante. Mas isto depende de cada um de nós em entender a individualidade e daí para frente, o tudo e o todo. Mas para isto, precisamos de conhecimento. Ele está disponível.

Precisa apenas ser pego, e testado em sua vida.

E o diálogo, que fará senão a reunião daqueles que estão desentendidos, mas pelo menos ajudará a nos compreendermos melhor uns aos outros, e é claro, nos aceitarmos, mas sem intervenção da liberdade de cada um. Prepotência, ódio, rancor, falta de amor, ingratidão, são sentimentos que já foram úteis para que o homem humilhado compreendesse que nada nem ninguém podem trata-lo desta forma.

Por enquanto, exerçamos o que temos de melhor: - nos esforçarmos para compreender o que está acontecendo, com a ajuda de vários ramos do conhecimento humano, colocando à prova tudo o que entrar pelos nossos cinco sentidos. Não exija menos de você que não seja o de ter absoluta certeza de que aquilo que você crê, é real e verdadeiro, para não passar uma vida inteira dormindo com a esperança e acordando numa realidade de decepção que o levará diretamente à desilusão e ao desapontamento.

Mantenha-se firme e forte no processo de Criação, pois não seremos abandonados. Não é a nossa primeira transição, não somos os primeiros numa transição (outras espécies já passaram por isto, portanto corramos para chegarmos perto deles) e nem seremos os últimos a passar por tudo isto, novamente.

v

O principal: - tomar decisões

Não tome decisões precipitadas em sua vida, sem pensar. Se for inventar, tenha os pés no chão. Se não agir desta forma, estará ensinando aos seus filhos que qualquer escolha vale a pena. Ou ainda pior, não escolher nada, deixar por conta e risco do andar da carroça, o que de fato é a maior de todas porcarias não planejar nem prever nada que poderá fazer em sua vida.

Não seja nem deixe que outros sejam pessoas precipitadas; seus filhos, por exemplo.

Você já viu que muitas coisas em sua vida não dão ou não deram certo por causa de tomada de decisões impensadas.

A tendência é a de nós transferirmos para nossos filhos tudo o que acreditamos, pois tudo o que acreditamos, fazemos várias e várias vezes, e isto passa através da observação deles em nós, desde que começam a reconhecer os rostos mais amigos da família: - Vocês, os pais. Se vocês são ansiosos, nervosos e precipitados, seus filhos serão assim, e as tomadas de decisões, as escolhas tenderão a serem as piores possíveis.

O entendimento da física quântica básica nos da a base necessária para o raciocínio quântico.

Ela nos dá a apoio para compreender que nossos anseios fazem parte de quantidades elementares (ou mais simples) numa cadeia de eventos em nossas vidas.

De posse do entendimento da *menor proporção unitária* do pensamento quântico conseguiremos realizar "ações" no meio onde estes anseios se encontram, para atingir nossos objetivos.

Não há fórmulas, nem demonstrações de teorias.

Nada disto.

Os conceitos aqui apresentados "estão" simples por que foram desdobrados, então, permite-nos compreender facilmente a informação, e trabalhar algumas ações para progredir no entendimento deste *poder*, e aplica-lo em nossas vidas.

Se em algum momento parecer difícil, releia com calma. Vai valer a pena!

Com a "menor informação", você poderá dar respostas a perguntas que seu filho pode fazer: "- Por que não atraio ou modifico com facilidade as coisas que eu quero ou preciso?".

Há alguns anos as pessoas esperam para saber de fato esta resposta, manifestado pelo seu anseio em alterar aspectos da sua vida, mas que às vezes não é atingido.

O domínio da física quântica básica quando expresso por um sentimento profundo e real, funciona.

Atua independente de nós, por que outros o exercem e influenciam você.

O domínio da física quântica básica é *amor, veemência* e *disposição*, religados com o conhecimento humano.

Existe um "entrelaçamento", que pode nos levar a atingir nossos objetivos, mas para compreendê-lo - O domínio da física quântica básica - exige das nossas crenças algo importante: - *referência*.

O referencial é uma informação fidedigna, autêntica e com base numa discussão com resultados positivos e que demonstra que algo pode ser possível e verdadeiro.

O referencial científico é uma bandeira encravada em algum lugar do vasto conhecimento humano, onde se confirma como verdadeiro por uma pessoa (um cientista), ou instituição, que se adquire confiança e atestada por tantas outras como sendo autêntica a informação. Com esta base, pode se construir algo sólido, portanto, válido.

Existe um ponto de contato entre as coisas do homem; entre um fato e outro; entre as informações, que torna os eventos de nossas vidas, verídico, e se transforma em uma espécie de código, ou marca que identifica o mesmo processo, em distintas fases da história do homem e em outros homens.

Então fica mais fácil aprender.

Jaime Teixeira Júnior – A Era do raciocínio quântico.

Um buscador não pode crer sem referências.[5] Somente a partir daí é que a jornada de crer, com referencial correto, passa a modificar nossas vidas e não a conduzi-la por veredas que não tem nem entrada nem saída.

Crie sua própria experiência com O domínio da física quântica básica.

Adaptar aos tempos e fazer um pouco melhor a cada geração, tudo o que os nossos pais fizeram.

Descubra algo que lhe ajude nos domínios da física quântica básica, na verdade uma ferramenta.

Com referências na realidade da ciência você poderá comprovar que funciona mesmo.

E junto com *amor, veemência* e *disposição* construímos a postura e atitude necessária para adaptar os eventos em nossas vidas e na vida dos nossos filhos.

É isto que dará realce aos eventos das nossas vidas, ao dominar a física quântica básica.

---

[5] http://www.anchist.mq.edu.au/staff/chris-forbes.html Department of Ancient History

Nossa luta

Quando alguém está numa situação muito difícil geralmente ela luta muito para sair desta conjuntura complicada. Mas ela somente irá se dar de conta que está num estado lamentável se acordar. E para acordar, precisa padecer muitas consequências que é o catalisador do despertar. O sofrimento, a dor, são a gênese da necessidade, do "abrir os olhos."

Quem não sente necessidade, não muda por que não precisa.

Alguns, quando estão muito sonolentos em relação a sua situação profundamente difícil e deplorável que todos os outros enxergam, chegam a declarar tentando justificar a si mesmos, que "eu não crio problemas, eles vêm naturalmente ao meu encontro", o que não é verdade.

No entanto, após acordar e perceber sua lastimável situação inicia-se a luta e quando ela é muito intensa, mas muito mesmo, quando o combate, a batalha, contra esta condição de existência emaranhada de fato é real e verdadeira na sua vivência, então precisa ser recompensada. E sempre o é.

Alguns não estão nem perto de compreender que estão padecendo as consequências dos seus próprios erros.

Quanto mais acordar para a luta.

- CAPITULO 1 –

Descobrir nosso propósito na vida.

Uma pessoa comum pode prosperar? Claro.

Talvez você se preocupe por ser um pai de poucas posses e que talvez não consiga dar a educação que seu filho merece, para que possa ter uma chance de possuir uma profissão que o remunere e possa ter uma vida razoável.

Isto não poderia ser assim, mas é. Não poderia talvez não seja a palavra correta. Correto seria dizer que "isto não deveria ser assim." Mas ainda continuaria sendo.

O Planeta Terra é rico e aqui há tudo que a espécie humana precisa, ainda que necessite de desenvolver a sociedade tecnologicamente, todos podem ter uma vida exuberante.

O problema é a ganancia.

Quem se interessa e procura melhorar sua vida busca a compreensão de algumas coisas na espiritualidade, no intangível, naquilo que não podemos tocar.

A ciência humana então vai trabalhar e fazer as pesquisas para comprovar o que sentimos.

Da união das duas, ciência e espiritualidade, nasce um novo mundo.

Falou-se um pouco na física quântica, e o que ela tem mostrado aos cientistas, é que este estudo tem contribuído, e muito, para a humanidade.

Será que você precisa saber como se faz um carro, para poder dirigir o seu?

Imagine tendo que construir sua própria geladeira, ou seu fogão, para pode guardar ou fazer seu alimento.

Com a física quântica é a mesma coisa.

Não existem fórmulas, que você precisa decorar, nem exercícios a fazer, mas conceitos que aplicados a nossa vida pode ajudar a resolver ou encaminhar algumas coisas para uma melhor solução.

Não há necessidade de conhecer o todo de alguma coisa, para pode usufruir de todos seus benefícios.

Você tem algum medicamento para tomar hoje? Foi você que o produziu? A maioria das respostas dirá não, no entanto você o utiliza para melhorar sua vida.

A dimensão em que vivemos, e para que possamos compreender as coisas e para que tudo tenha uma ordem e consequentemente uma harmonia, possui princípios.

Alguns deles são baseados em crenças com referências apenas paternais ou domésticas; nossos pais e avós faziam, "dava" certo, nós faremos o mesmo. "Dava" certo naquele tempo. Agora não mais.

Um medicamento é semelhante: - se você toma algum e logo a seguir outro, quando chegar ao seu estômago, ele será desdobrado pelos ácidos do nosso corpo.

Assim, quando um produto químico é produzido para atuar em nosso organismo, a pesquisa leva em consideração os subprodutos daquela fórmula, pelo desdobramento químico, pois são estes subprodutos quem finalmente vão trabalhar em nossas células para curar ou tratar.

O conhecimento e aplicação da física quântica básica são semelhantes.

É no "desdobramento" e na "combinação" dos eventos que se sucedem que a coisa começa a funcionar.

Existem conceitos como: "observador e observado" que precisam ser compreendidos.

O objetivo é abrir a fronteira de onde você parou em sua vida, para compreender melhor uma forma de receber contribuição do Universo para o novo conhecimento do homem na espiritualidade e na ciência.

Sim, a resposta é sim. Uma pessoa comum pode prosperar e muito, se souber escolher entre todos os eventos que se aproximam da sua vida.

E você pode ajudar seu filho a fazer as melhores escolhas, produzindo cada vez mais e melhores eventos em suas vidas.

- CAPITULO 2 –

Como conseguir o que preciso?

O segredo da escolha quântica.

Não parece ser verdade, enfim, mas o domínio da física quântica básica é algo que funciona quando você quer muito alguma coisa. Profundamente. Mas não é tudo ainda.

Quando nos concentramos em nosso foco, algo sempre acontecerá, por que começamos a vibrar nossos átomos e uma "infinidade" de saltos quânticos principiam a ocorrer levando consigo os anseios destes sinais-frequências dos nossos desejos, que em determinado momento, sintonizarão outras frequências iguais criando novas presenças em nossas vidas.

Como cada uma destas energias do salto quântico, sabe sua origem (de onde vieram) a sua energia quântica ao retornar trará a informação de onde, como e de qual forma deverá agir para atingir seu objetivo.

E isto é feito com determinação, postura e atitude. Personalidade, enfim.

Pessoas com elevada personalidade tem seus saltos quânticos mais intensos, mais vezes, mais rapidamente. São pessoas intensas, que dizem como querem, o que querem, o que podem e o que não podem fazer. Eles dão seu recado, e se não for como eles querem, ou próximo do que desejam ou podem fazer, eles simplesmente, não fazem. Por quê? Por que eles sabem que não vai dar certo se forçarem os eventos. E sabem isto intimamente: - eles não leram tal coisa em nenhum livro, em nenhum manual. Já nasceram com este "dote" ou "dom". Não são nervosos, nem ansiosos. Podem estar apaixonados por quererem algo, mas se não estiver dentro do que esperam pagar, por exemplo, eles deixam ir embora, mesmo que parta o coração. O inverso é, por exemplo, aquele que se afunda num financiamento, comprometendo grande parte dos ganhos, para comprar um bem dos seus sonhos. É aquele que se delicia no prazer, por qualquer motivo.

O primeiro caso, são pessoas que gostam do dinheiro; no segundo, são aqueles que gostam daquilo que o dinheiro compra. No final eles vão ter apenas o que compraram, mas os primeiros terão tanto o dinheiro, quanto àquelas coisas que compraram pelo jeito, forma, quantidade, valor que quiseram ou impuseram, ou ofertaram.

As pessoas podem passar uma vida inteira apenas pedindo e esperando, mas o domínio da física quântica básica não é *solicitar e aguardar*.

É atuar no meio, nos Universos.

O raciocínio quântico invoca um desejo imenso, uma vontade sem equívoco algum, uma necessidade que vem do nosso âmago, ou seja, o raciocínio quântico é para por em prática, aflorar, nosso *talento*, nosso propósito de vida.

Começamos por aceitar que o domínio da física quântica básica é que nós precisamos querer muito, incessantemente, algo, mas este desejo tem que vir das profundezas do nosso ser, e pelo qual nós seríamos capazes de dar o que temos de melhor: - a nossa própria vida, exatamente por que é por ela que estamos lutando.

O domínio da física quântica básica começa se revelando quando descobrimos que estamos pensando quanticamente então ela se transforma em uma grande ferramenta em nossas vidas.

O domínio da física quântica básica fará aparecer em nós, o talento que possuímos e a vontade imensa e arrebatadora de querer muito uma mudança.

Se estivermos com dificuldades para aflorar em nossas vidas o nosso talento, então é possível que ela esteja sem propósito definido, e tudo o quanto estávamos prontos para fazer por nós e pelos outros, não se concretizará.

A maioria de nós parece estar assim, num ir, vir, esquecer, ir de novo, voltar, esquecer.

Modificar para melhor o que mais amamos para as nossas vidas é estar focado, exercendo este sentimento, enquanto alguns nem sabem que existe; é desejando que isto ocorra em nossa vida, enquanto outros comem, é ter um objetivo tão grande, que torna o *pedir e esperar*, irreal, pois você será membro ativo nos eventos da sua existência.

Entre os nossos maiores anseios, deve estar a paixão pelo desejo imenso, que é a própria vida, frutificando com as coisas que realmente nos sentiremos bem fazendo.

O talento em cada um de nós é o maior desejo: - persistindo no nosso maior amor, aquilo que nos arrepia, aquilo que nos chama, aquela "coisa" que bate forte o coração, e que temos certeza que vai tornar-nos melhor.

Mas há que ter competência quando seu anseio se concretizar.

O objetivo atingido *não vai funcionar* se não existir aptidão, qualidade, ou capacidade.

Amor pelo que quer fazer.

Senão será cansativo, indisposto, enorme, imenso, fora de propósito.

Aquilo que nos atrai aquilo que nos arrepia, aquilo é nosso talento.

É o que faz a vida de qualquer um sobre a face da Terra, mudar para melhor.

Então o raciocínio quântico nos leva a desenvolver nosso talento, para "ajustar" nossa vida, pois viver a vida plenamente é vive-la em felicidade e felicidade é saber fazer as melhores escolhas que redundem cada vez em melhor qualidade de vida, sem problemas. Quanto menor for a quantidade de problemas em nossas vidas, mais feliz ela será. Então esta é um grande segredo: - foque suas escolhas em ações que criarão eventos que não trará nenhuma possibilidade de problema em sua vida e na vida dos seus filhos. Mantendo este equilíbrio em cada uma das escolhas que fizer, pedindo auxilio para quem sabe mais na hora de escolher, certamente você "pegará" a opção mais correta para sua vida e para a vida dos seus filhos. Por isto, pensar antes de fazer, sem precipitação, é imensamente importante. Esta é uma forma de pensar quântica.

Todas as ações necessárias para promover um imenso desejo pelo domínio da física quântica básica precisam de objetivos claros, e competência. Você precisa estar certo que é seu desígnio ou o dos seus filhos.

Não esqueça: - menos problemas, mais felicidade, mais eventos afortunados.

O domínio da física quântica básica é para ajudar a influenciarmos eventos em nossas vidas. O domínio da física quântica básica é para fazer explodir literalmente, o talento escravizado em nós.

O maior desejo, para ser cumprido pela Lei dever ser o de expandir nossa aptidão, aquilo que nós amamos, e que nos fará bem e felizes, por toda uma vida, e bem para todos quantos conviverem conosco.

Se isto se concretizar em cada pessoa do seu convívio, teremos um mundo fantástico.

O foco, a firmeza, a sensatez, o propósito, e o conhecimento do que você deseja tudo isto faz parte do pensamento quântico na física quântica básica.

Desejar muito, como se fora a nossa própria vida é uma forma de desejar algo quanticamente.

Mas... É o amor o motor que nos faz ansiar algo fortemente; o amor é despertará nosso talento; o amor atrairá para nossas vidas aquilo que mais aspiramos em nossos desejos, pela expansão e frutificação dele.

Amor, por que é por puro prazer que acabaremos fazendo o que desejamos: - aquilo que nos arrepia.

O raciocínio quântico precisará do amor para funcionar; do desejo intenso de querer ser aquilo, por que é por este talento que viemos para ser a diferença neste mundo, pois é o desejo que transformará os desejos que temos na mente, em realidade e desejo representa necessidade, intensidade e tudo isto existe com amor e prazer.

Se neste momento você não tem nem o primeiro nem o segundo, nem amor, nem talento, é hora de reavaliar se a sua falta de perspectiva em descobrir seu maior talento, é de fato aquilo que você pensa que mais ama.

- CAPITULO 3 -

A realidade que nos cerca ou a realidade que nós criamos?

O homem é quem cria sua realidade? Sim, mas outros homens fazem o mesmo, portanto são realidades convivendo em conjunto no mesmo plano existencial.

Precisamos entender que criamos nossa realidade em nossa mente, mas a prática dela, não a construímos sozinhos no Universo intermediário.

Pessoas bem-sucedidas nunca dirão "Eu fiz tudo sozinho." Então podemos afirmar que são as duas realidades que contam: - a que nos cerca, e onde estão todos os outros e você, e a que criamos em nossa mente e saímos em busca de resultados para atingi-la.

Dê uma olhada a sua volta. Onde você está, e o que está fazendo; tudo isto, foi criado por você, inclusive o fato de estar lendo este livro, em conjunto com outras pessoas. Siga passo a passo os eventos anteriores que o levaram até aqui, e você vai perceber quantas pessoas foram necessárias para esta realidade.

Portanto, saber conviver com outras pessoas é fundamental para criarmos novas realidades. Se você é tímido, ou seu filho é, ele precisa aprender a ter sintonia com outras pessoas e se já trabalha, ter sintonia no ambiente de trabalho, ainda que seja uma ocorrência rara, pois a disputa é muito grande (você não vai conseguir "brigar" com alguém que é seu "amigo", por uma vaga que está acima da sua e que remunera melhor), mas se você realmente se conectar com alguém e quiser trabalhar com ele, encontre uma maneira de fazê-lo funcionar, ainda que tímido. Mas o melhor é perder a timidez. Tímidos são extremamente introvertidos, com sérias dificuldades de relacionamento, com dificuldades para encontrar soluções para suas vidas (pois não enfrentam nem a sim mesmos), com dificuldade falam com outras pessoas, possuem baixa autoestima e para ser bem sucedido é essencial ter elevada autoestima. Ser tímido não é ser você, é ser outra pessoa que talvez você não queira, ou então deseja agradar. Geralmente é isto, a timidez é uma emoção que se demonstra pela necessidade de ser "bom", "bacana", "boa-fé".

Pessoas de sucesso, mantém a sua personalidade (já falamos sobre isto), então é extremamente necessário ser você mesmo. É a única forma de sucesso nos negócios e na vida pessoal: - Ter personalidade sendo você mesmo e seguindo seus verdadeiros interesses sem se preocupar com os outros. Cada um tem seu caminho, e sua jornada de vida. No momento em que você se preocupa com outro, esquece-se de si mesmo, e ainda por cima interfere no ciclo evolutivo da outra pessoa. Esta "interferência" só pode ser exercida entre membros da mesma família, como estamos tratando neste livro: - Pais e filhos e esta "interferência" ainda que possível apenas na linhagem familiar, vai diminuindo na medida em que nos distanciamos na linha da vida: - netos, bisnetos e colaterais, como sobrinhos, primos, etc...

Se seu filho possui alguma dificuldade de relacionamento provocada pela timidez, é imperativa uma ajuda profissional, não necessariamente da área médica, a menos que se faça indispensável. Um "coach" que poderá orientar como melhorar esta timidez, um curso para ser palestrante e geralmente os tutores dão preferencia aos tímidos e, portanto trabalham melhor e mais tempo com eles, e finalmente curso de teatro, onde a pessoa precisa aprender a assumir outros personagens e atuar, levando para a vida esta prática será muito útil, pois todos os dias interpretamos vários papeis que exigem muito de nós. Se não sabemos interpretar, torna-se difícil nossa sobrevivência. Pense nisto. Não deixe a solução por conta do seu filho, atue nele.

Sua presença na rua ou prédio no qual você se encontra neste momento, é ocasionada por uma necessidade de você estar aí agora, mais ou menos importante, e todas as pessoas que você está vendo neste mesmo local, aí e agora, também tiveram necessidades semelhantes em estar aí neste exato instante. Toda esta realidade que você está vendo foi criada em parte por você, e por todos estes: - os gestos, o caminhar, os carros, o sinal, o guarda, a banca de revista, etc. cada um teve, ou tem um motivo para estar aí, e "atuar" de maneira diferenciada, portanto, são vocês agora neste meio ambiente que criaram esta realidade.

É tudo parto do seu desejo e do desejo deles. A necessidade também é um desejo.

Esta realidade presente que você tem aí agora, ela foi criada em algum momento no passado da sua vida, que pode ter sido há muitos anos, ou apenas alguns minutos.

O seu presente, é a manifestação do seu passado. O seu futuro será o que você faz hoje e agora.

Por isto precisamos vigiar nossos atos.

E, se você cria sua realidade, o seu vizinho também, e todos, portanto, nós temos todas estas realidades coexistindo: - a que nos cerca e criada por todos, e a sua, pessoal, criada exclusivamente por você.

Ponto de encontro de todas as realidades individuais: os estados quânticos nos relacionamentos

Sejam os conjuntos:

A= Você e sua realidade e função na sociedade
B= Realidade da Pessoa 1e sua função na sociedade
C= Realidade da Pessoa 2e sua função na sociedade
D= Realidade da Pessoa 3 e sua função na sociedade
E= Realidade da Pessoa 4 e sua função na sociedade

Acompanhe no gráfico de conjuntos da próxima página.

Todos nós estamos convivendo ao mesmo tempo no mesmo plano em que todos estamos. Em determinado momento você pode estar AE, em outro ADE, ABD, ABE, ABCE, e na medida em que avançamos em nossas relações, mais e mais pessoas estarão participando desta corrente de convivência aumentando a quantidade e elevando os níveis críticos de **coexistência**, comunicação, as ligações de amizade afetiva e profissional, cujos eventos são condicionados por toda esta série e por atitudes recíprocas; é a relação quântica que invoca melhores resultados em nossas vidas, pois elevamos a planos cada vez mais superiores o nível, condição e estado quântico do nosso "meio ambiente". Pessoas de relacionamento difícil, na medida em que o grau quântico se eleva maior a dificuldade para atingir objetivos. Veja: - em ABCDE, você interage com todas as pessoas deste exemplo. Imagine um escritório, uma Escola, um Hipermercado, você como funcionário responsável, ou até mesmo como aluno nesta Escola (faculdade, colégio, curso) a quantidade de elos (pessoas A, B, C, D, E, F, G, H, I, J... AA, BB, CC. AAA, BBB, CCC...) que necessitará gerenciar dentro de você ao mesmo tempo para manter em alto nível o desenvolvimento quântico das suas atividades e seus interesses.

Precisamos coexistir juntos. Por isto somos coautores da nossa realidade individual. Não fazemos nada sem que outras pessoas estejam participando da construção da nossa realidade individual.

E isto fica cada vez mais complexo na medida em que os elos ficam mais conectados, e a "corrente" (em função da quantidade de elos dela) aumenta.

Por isto nosso raciocínio quântico necessita se aprimorar aos poucos, devagar, para adaptar-se as mudanças do meio e criar em nossa mente as conexões que nos levem a acrescentar com qualidade as possibilidades de interação mais positivas nas conexões com todas estas pessoas.

Políticos, Banqueiros, Industriários, CEOs (Diretores Executivos), homens de negócios, supérstite[6] comerciais, sem mantém no poder e na ativa por que conhecem bem esta estrutura no raciocínio quântico. Não por que necessariamente tenham estudado, mas por que já possuem este grau de inteligência nas relações de forma natural. Nasceram com esta parte da mente quântica mais desenvolvida que outros. São Agressivos: - Invasivos, aguerridos, combativos, ativos e enérgicos.

---

[6] Que sobrevive; superviventes, comerciais que usam técnicas de manutenção e crescimento do seu negocio de forma agressiva.

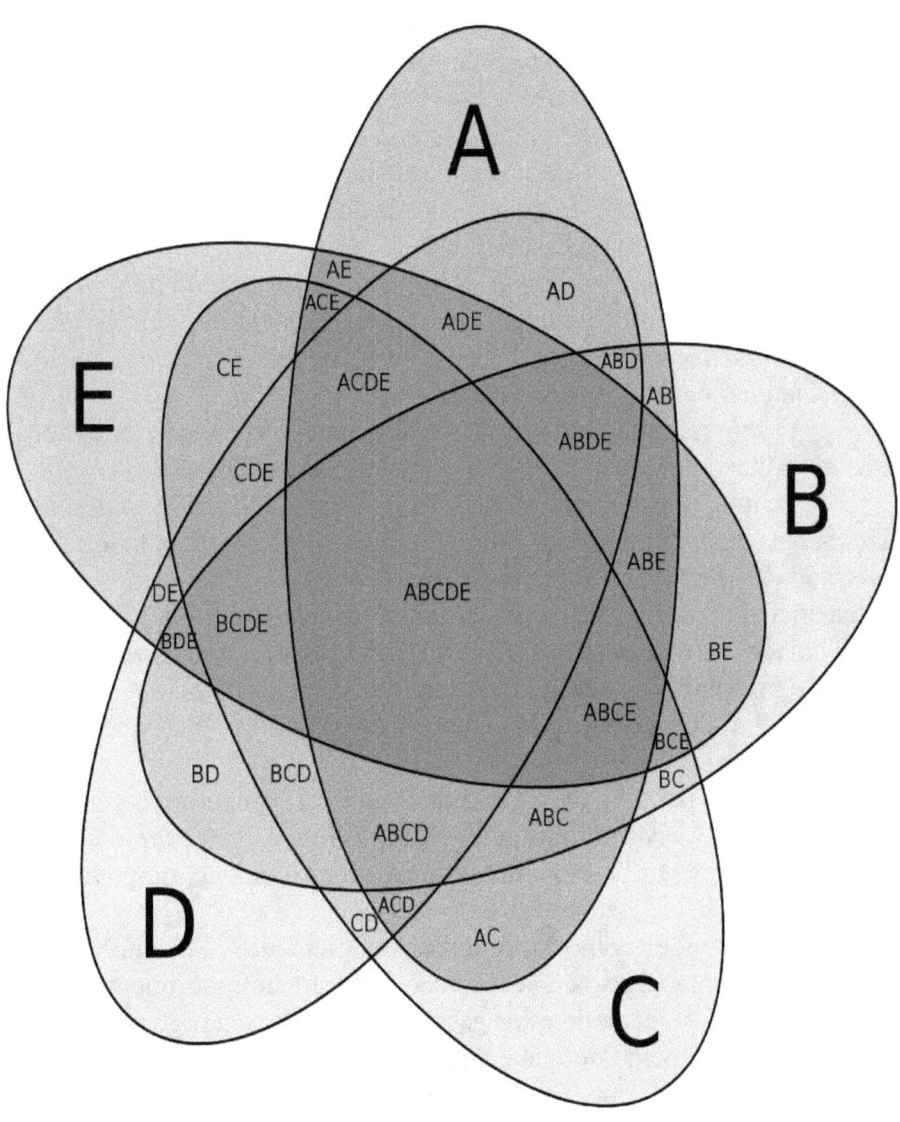

A parte imaterial quântica do Ser na construção do caminho

Ao terminar de ler este livro (ainda não entramos na parte fundamental da Física Quântica), você vai ter bem claro em sua mente que *a ciência já vem demonstrando que a prática misteriosa e milenar espiritual do homem, tem fundamentos científicos, e que antes da física quântica você e nem ninguém poderia compreender. Hoje você pode, mas só não o fará se não quiser.*

Hoje com o estudo do Pensamento Quântico, podemos entender a possibilidade da crença no que chamamos de sobrenatural, pela via do experimento pessoal.

A nossa vida tem uma forte tendência à ação de forças espirituais ocultas na natureza, que se manifestam por várias vias além daquelas que estávamos acostumados, pelo nosso conhecimento comum ou pelo motivo que deu origem.

O sobrenatural é o natural que ainda não nos foi revelado, por que nós ainda não o percebemos por falta de conhecimento.

Houve um tempo no qual a eletricidade não acendia as lâmpadas, nem movia motores, ou ligava seu computador; A eletricidade permaneceria pouco mais do que uma curiosidade intelectual por milênios, pelo menos até o ano 1600. Não é que a eletricidade não existisse, apenas não havia sido "descoberta". O termo "inventar" a eletricidade não é correto. O homem não "inventou" a eletricidade. Ela sempre existiu, ela foi "descoberta" e utilizada por ele.

Então para poder aplicar algo é imperativo antes, DESCOBRI-LA! Isto é feito pelo indispensável conhecimento a fim de compreender seu funcionamento e perceber o quanto ela pode ser útil.

Você sabe como "produzir" eletricidade? Se você não compreende como isto acontece, você é dependente de quem sabe, não é verdade? Você pode estar passando ao lado de um gerador e se não tem conhecimento do que é aquilo, ele não terá a menor utilidade para você, mesmo que você esteja extremamente necessitado de eletricidade.

E isto começa com a necessidade, o "caráter" de "necessário"; é ele quem move o desejo por algo, seja uma invenção, ou a sua realidade precisando de mudanças.

O domínio da física quântica básica pode ajudar a mudar o rumo de eventos numa cadeia e produzir algumas realidades em conjunto com outras pessoas.

Em alguns planos a espiritualidade e a ciência se combinam, tomando por base o conhecimento interligado em ambos os planos.

Ou seja, hoje, o que um cientista demonstra, segue-se um estudo espiritual, que corrobora a palavra anterior; O que a espiritualidade evidencia, em muitos casos é comprovada pela ciência.

O domínio da física quântica básica pode ser polêmico por que atinge pontos das nossas vidas que nunca paramos para pensar; pode provocar questionamentos revolucionários.

Realizados por cientistas, especialistas em física quântica, demonstrou que pode existir uma forma de enfrentar a vida e modificar o nosso mundo para moldar uma nova realidade com base na ciência e na espiritualidade em nossas mentes.

Não é por que você não enxerga, não sente, não vê algo, é que não existe. O que existe, vive independente da sua crença naquilo que você não enxerga, não sente, não vê. A única "coisa" na natureza que depende de você, é você mesmo, e mais nada. A natureza estava aqui antes de nós.

O ar que respiramos, a eletricidade, enfim, muitas outras coisas, são exemplos disto.

As ondas eletromagnéticas é uma delas.

As coisas que você não enxerga, não sente, não vê, não vão deixar de existir, por que você não acredita. E celulares, smartphones, a televisão, a Internet, é tudo por ondas eletromagnéticas, incluindo o wi-fi. Você não os vê, mas eles existem.

Não é por que não sentimos o odor, que o cheiro não existe; também não é por que não ouvimos que algum som que ele não existe e também não é por que não sentimos o toque, que algo não existe.

Nossos cinco sentidos são limitados e não conseguem traduzir todo o mundo que está além deles.

A visão, a audição, o olfato, o tato e o paladar, são circunscritos a uma região magnética, e trabalham apenas em um faixa muito limitada e bem definida de percepção que a ciência chama de "frequência", ou seja, como se fosse uma emissora de rádio AM que não pode ser ouvida quando você sintoniza uma emissora FM.

Quando o botão da sintonia atinge o máximo valor na direita ou na esquerda do seu rádio, não quer dizer que além daqueles limites não existam OUTRAS rádios. Existem. Mas o seu receptor NÃO CONSEGUE CAPTAR.

A frequência de alguma coisa é a distribuição de radiações elétricas e magnéticas que saem de algum ponto e chegam a outro local, através do ar, e que também podem chegar até nós, seres humanos.

Quando algo emite, se chama emissor, como a sua rádio preferida ou TV; você sintoniza o canal e ouve sua música, seu locutor, ou vê seu programa preferido pela sua emissora.

Nossos cinco sentidos, então, são os receptores, e quando o rádio que você tem em cima da mesa, ou da TV, também *recebe* o sinal da emissora, eles são *receptores* de algo maior.

Estes conceitos já estão em nossas vidas há muito tempo, e nem por isto eles deixavam de existir. Já se sabe, portanto que pode haver mundos, que desconhecemos, uma vez que os nossos receptores não conseguem sintonizar a frequência das *emissoras* que por lá existem.

É assim que podemos moldar uma realidade, é assim que pessoas podem sentir umas as outras.

Nossa visão: - enxergamos dentro de um espectro bastante curto das frequências. Pense numa régua de 20 centímetros: - O que estiver além dos 20 centímetros ou a esquerda do zero, nossos olhos não enxergará, mas isso não quer dizer, que não existe.

E as frequências têm nomes: - infravermelho, micro-ondas (enxergamos as micro-ondas do nosso forno? Não. Mas elas existem); não as vemos, por que estão fora do campo de frequência do visível.

Nossos cinco sentidos, são suficientes para a nossa vida na Terra e interação com o meio ambiente que vivemos.

Em verdade, são filtros, ou seja, muitas informações adicionais acabariam por prejudicar nossa vivência, e crescimento neste plano se enxergássemos até as ondas da sua FM favorita.

Agora sim: entrando no Raciocínio Quântico.

Os cientistas em resumo, dizem que existe uma origem para todas estas coisas chamada de "complementaridade" o que quer dizer que tudo o que existe, do menor ao maior, do seu forno de micro-ondas a sua casa, ao seu corpo, ao seu carro, sua roupa, seu alimento, pode tomar mais de um sentido e possuir uma natureza composta de duas partes: a matéria, que pode ser aplicada como mente, e a energia, que pode ser entendida como espírito, e que ambas podem ser modificadas, conforme o nosso desejo em acordo com nossas experiências externas e necessidades pessoais.

Bom isto não? Podemos em acordo com a nossa capacidade mudar o propósito de qualquer coisa, cujo resultado, nos dará um produto separado, com finalidades diferentes. Você usa seu forno para fazer várias coisas, não é mesmo? Então? É isto.

Podemos criar, ou alterar nossa realidade?

Sim, você poder "cristalizar" um novo futuro. Pode. Mas você deve fazer isto? Por que acontece.

E depois?

E isto à Luz da Ciência, tem algum apoio?

Raciocínio Quântico 1 - Bohr & Heisenberg

Foi demonstrado por um sujeito chamado Niels Henrick David Bohr que podemos modificar o estado da matéria, fazendo-as se comportarem como partículas, ou como luz.

Este físico nasceu em Copenhague uma cidade da Dinamarca em sete de Outubro de 1885, e nos deixou também em Copenhague, na Dinamarca, a 18 de Novembro de 1962.

Bohr o físico dinamarquês nos fez compreender a estrutura atômica, da qual toda a matéria é constituída, ou seja, por minúsculas partículas, impossíveis de serem vistas a olho nu.

Vimos isto no inicio deste livro.

Mas, ele não estava sozinho: - juntamente com outro físico, Werner Karl Heisenberg, daqui para frente apenas Heisenberg, nascido a cinco de Dezembro de 1901, Würzburg, Alemanha e faleceu a primeiro de Fevereiro de 1976, em Munique também na Alemanha. Famoso como físico, laureado com o Prêmio Nobel de Física e um dos fundadores da Mecânica ou Física Quântica.

Qual a contribuição deles para ajudar a possuir um Pensamento Quântico e fazer crescer em nós o domínio da física quântica básica?

Em resumo eles formularam o seguinte após uma série de experimentos e foi denominada de a *Interpretação de Copenhagen*: "- não há realidade até o momento em que ela é percebida pelo observador; dependendo das combinações de várias atividades e múltiplos aspectos complementares da realidade então elas se tornam visíveis", ou seja: - *nós podemos mudar todas as situações que se encontram a nossa volta, positiva ou negativamente.*

Como abordamos isto? Escolhendo, refletindo, pois muitas das vezes que o fazemos (mas nem percebemos), são os eventos simples e positivos e os criamos sem querer ou interferir: ser cortês, educado, bom amigo, companheiro, prestativo, etc.

Mas nós precisamos querer desejar muito para criarmos eventos maiores e melhores, ainda que complexos, para além de sermos apenas bons.

Isto é a PERSONALIDADE, da qual já falamos.

Então, sintetizando: - eles disseram que não existirá nenhuma realidade até o momento em que ela for percebida pelo observador... E o observador é quem? Você, seu filho, nós todos enfim.

Olhe para a realidade que você quer que seu filho deseja, e ela olhará para vocês. Ela se "abrirá" na frente de todos nós.

Aquelas que são originadas sem nossa interferência, são os chamados "eventos espúrios", não naturais, ou seja, daqueles que levam a vida "conforme o andar da carroça" ou "Vai indo, vamos ver no que vai dar." Geram eventos, também (e sempre), mas eles não são legítimos para acrescentar algo em sua vida, por que não foi você quem o gerou. Você nem "olhou" para esta realidade.

E isto se deve ao fato por não acreditarmos que podemos executar boas coisas para nossas vidas, intervindo diretamente nelas, para mudar a realidade positivamente.

Atitude e personalidade.

As realidades negativas, infelizmente, são muito fáceis de serem produzidas a partir do desconhecimento e a partir de não "observar" este principio da *Interpretação de Copenhagen* de Bohr & Heisenberg.

Um exemplo: - vamos supor que você é muito rico e pretende auxiliar uma pessoa muito pobre; você necessitará de energia financeira (positiva), precisará de muito tempo, para trazer esta pessoa cultural e intelectualmente muitos níveis acima de onde ele está no momento em educação, saúde, alimentação, vestuário, saúde, etc.; Será indispensável também uma enorme dose de amor e muita dedicação, então a possibilidade de fracassar em sua empreitada filantropa é muito grande se todos estes fatores não atuarem ao mesmo tempo. Esta é uma realidade que você vislumbra, que você está olhando para ela, então ela se abre para você. É apenas um exemplo, não esqueça, pois vai servir para concluirmos nosso raciocínio quântico. Isto é a interferência positiva.

Vamos supor o contrário agora: - que você ainda que financeiramente possa (e tenha aqueles atributos acima), não está nem um pouco preocupado com qualquer infeliz da rua, ou de qualquer outro lugar do planeta Terra. Se não fizer nada, mas absolutamente nada por tal pessoa, ou qualquer outra, não haverá nenhuma energia a ser gasta, nesta realidade por que você não está nem olhando para ela. Assim na primeira situação você precisa de muita ENERGIA, e neste segundo exemplo, nada de energia, precisará para, por exemplo, tirar-lhe a vida (negativo).

O principio da *Interpretação de Copenhagen* de Bohr & Heisenberg, que você deve "olhar para a realidade que quer" e deseja, precisará de muita energia. Então você meça antes de começar "se tem os sapatos corretos para a caminhada", por que senão, nem comece. Aí está uma forma de escolher: - saber se você tem "cacife" energético para a realidade que deseja olhar e trazer para sua vida em acordo com principio da *Interpretação de Copenhagen.*

Isto é assim, por que a realidade da qual você quer se cercar e esta "olhando", será fruto do seu trabalho mental, mas criado por todos que estiverem nesta jornada: - Seu pai, sua mãe, seus irmãos, sua família enfim, seu professor, o diretor da escola, o motorista do ônibus, enfim, todos que passarem por esta caminhada, serão responsáveis pela criação da realidade que hora você visualiza; então, esta realidade terá todos os matizes, contornos e feições de todos os estados morais da consciência ativa de todas as pessoas que cruzarem sua linha de vida, ainda que quem a observa e produz, o executor, seja você e ainda que seja aquele quem escolhe o quê, como observar e quando agir ou não. Você dependerá de todos.

A partir das conclusões destes cientistas e suas experiências, podemos ter uma visão da vida, que muito se modifica: - *Existe uma diferença entre o modo de sentirmos o mundo e como ele realmente é (derivado dos nossos cinco sentidos);* o mundo que experimentamos passa pelos cinco filtros: - Visão, audição, olfato, paladar e tato, ok? O que não chega aos nossos sentidos parece não existir, e então ficamos suscetíveis e presos a certas regras de proceder na vida como: - normas, doutrinas, liturgias, etc. que acabam se tornando crenças.

O homem se "prende" às crenças, apenas pelas coisas que NÃO passam pelos nossos filtros. Aquelas que "passam" pelos "filtros" nós naturalmente "acreditamos", aliás, nem pensamos se cremos ou não. Elas nos parecem estar ali, então de fato estão. A "crendice" vem daquilo que "não passa" pelos nossos cinco sentidos, das "coisas" que entendemos não poder ver, tocar, sentir aroma ou sabor, ouvir, então passamos a "crer" ou por necessidade ou por imposição exatamente por que parece distante de nós uma vez que, repito, não passando pelos nossos cinco filtros, não existem, mas por uma necessidade queremos crer. Cada um de nós, entretanto, acredita naquilo que lhe convém.

Veja bem! Preste atenção no que estamos falando aqui: - O ser humano tem 5, repito, 5 sentidos imensamente limitados comprovados pela ciência já há mais de um século. Então é

IMPOSSÍVEL reconhecer TODA a REALIDADE que nos cerca com esta TAMANHA INSUFICIÊNCIA.

O materialismo como forma única de vida, paulatinamente, na medida em que vamos ficando mais e mais ricos e bem de vida, vai ao mesmo tempo tirando algumas necessidades, uma delas é a de nos sentirmos responsáveis por nossas vidas, pois ela está "ganha", e começamos a relaxar. Isto pode nos levar de volta ao ponto de origem.

A fé nas coisas que imaginamos não existir por que "não podemos ver, tocar, sentir aroma ou sabor e ouvir", também no leva ao mesmo patamar de uma relativa irresponsabilidade. Então em resumo, ou o dinheiro está fazendo por nós, ou o Clérigo da nossa religião.

São coisas do tipo: "- eu quero, mas ao invés de EU fazer, eu peço, e penso que foi eu quem fez." Em verdade EU não fiz, apenas pedi. Materialmente, pode ser traduzido como: "Eu quero isto; se posso compro, senão posso... pego para mim de alguma forma.".

Muitos ainda pedem para orarem, mas não oram junto.

O que Bohr & Heisenberg disseram e que aplicamos como nosso primeiro raciocínio quântico, é que "você, nós, SOMOS OS DONOS DOS NOSSOS DESEJOS".

E você pode modificá-los, alterá-los **dar um sentido diferenciado para atender as suas legítimas necessidades.**

Somos donos da situação.

Mas existe algum tipo de ferramenta para trabalhar isto tudo? Basta apenas pensar e desejar?

Existem sim ferramentas que manipulam o mundo fenomênico e envia sua mensagem ao universo interno e externo.

Este ensinamento diz que nós podemos ser autossuficientes, e nos tornarmos ainda melhores quando pensamos em grupo ou uma egrégora.

Nossas famílias, nossos amigos, enfim, é uma egrégora.

Ou seja, tornamos melhor, em conjunto, e com aspirações em comum a potencialidade do nosso raciocínio quântico atinge seu objetivo.

A reunião em torno de algo comum, a "egrégora", é como uma oração (o verbo em ação), que cria mais e melhores condições para você e sua mente.

Quando esta AÇÃO é direcionada em conjunto, por exemplo, pode realmente ocorrer a criação da realidade por que muitos estão unidos trabalhando todos, pela mesma causa e a energia será maior.

Quando aqueles com os quais você convive "torcem" por sua vitória, a energia positiva para ajudar a trazer para mais perto a realidade que você está olhando, é imensa e importante.

O prestígio começa em casa. Se você não é prestigiado, tem algo muito inconveniente na relação de vocês. Precisa ser corrigido, por que alguém está errado, e muito errado.

O mundo todo é energia em várias formas com maior ou menor densidade, como por exemplo, a água em estado líquido, ou vapor, ou congelada, são todos estados físicos energéticos da água em níveis moleculares diferenciados.

O Verbo quântico em ação

Vale a pena orar por alguém que você ama? Por algo que você quer? Por um desejo?

Orar é verbalizar um desejo imenso dentro de você, e esta é a parte imaterial do raciocínio quântico, aquele que nossos cinco sentidos não veem, e você acredita ou não.

Quando colocamos este "verbo em ação", nos sintonizamos com milhões de outras pessoas que estão fazendo a "mesma coisa", o "mesmo pensamento" e uma energia imensa, inimaginável começa a tomar forma, e você passa a fazer parte dela. Entende?

A isto se dá o nome de egrégora, e vale a pena orar em grupo, em casa, com mais pessoas, ou mesmo marcando uma determinada hora, e fazendo isto em vários locais do mundo todos juntos ao mesmo tempo.

É a complementaridade das energias de cada envolvido naquele desejo.

A egrégora formada, é a finalidade, é a comunicação, é a complementaridade.

É a manifestação grupal em diferentes locais, para atingir o mesmo objetivo.

O efeito da egrégora já foi inclusive, investigado e medido posteriormente.

E uma das mais poderosas ferramentas de intento e de visualização da realidade que eu conheço e que você olha e que você quer em acordo com o enunciado de Copenhagen de Bohr & Heisenberg e que o torna mais e mais perto de ser dono do seu desejo.

Agora podemos refletir e pensar, por que continuamos recriando a mesma realidade todos os dias da nossa vida.

Por que continuamos fazendo as mesmas coisas.

Por que continuamos tendo os mesmos empregos repetidamente, mesmo que não gostemos dele.

Enfim, por que não lutamos para mudar, se necessário for.

Vários são os fatores: - segurança, crenças, a quantidade de acertos em nossa vida é maior e melhor do que a de erros, então de fato não há por que mudar o objetivo, então você não quer outra realidade, você não vai olhar para nenhuma outra.

Estando tudo bem dentro de você, e em sua mente, O Todo vai recriar o mesmo ambiente, ao seu redor do lado "de fora". Você está olhando continuamente para a mesma realidade, é isto que verá, sempre.

Então é possível que o seu mundo seja uma grande ilusão da qual você não consegue sair para a verdadeira realidade? O que importa é: - se está BOM para você ou não. Se não for BOM, se a sua realidade não é BOA, você vai querer olhar para outra realidade, mas se esta lhe traz satisfação, então basta seguir o rumo.

Se ela NÃO É BOA, torne-a FALSA ou NÃO VERDADEIRA, ou NÃO DESEJÁVEL. Este é o segredo neste enunciado. No momento em que esta realidade que você não quer se tornar FALSA ou NÃO DESEJÁVEL será fácil aplicar o enunciado de Copenhagen de Bohr & Heisenberg.

As possibilidades existem, mas o importante saber se você pode e quer mudar, se há um propósito real nesse desejo.

O que nos cerca, e existe em nossa vida, existe **com** e **sem** a nossa crença.

Tudo em acordo com a *Interpretação de Copenhagen: "- não há realidade até o momento em que ela é percebida pelo observador; dependendo das combinações de várias atividades e múltiplos aspectos complementares da realidade então elas se tornam visíveis".*

Torne a realidade que você NÃO QUER invisível, e aquela que você quer, DESEJADA e de imediato ela se tornará VISÍVEL.

A todo o momento, nós afetamos inconscientemente a realidade que vemos, então por que não começar a modificar conscientemente, sabendo o que estamos fazendo agora é o nosso futuro?

E por que fazer? Se necessário for para modificar nossas vidas. Quando imaginamos que está acima da nossa capacidade, dizemos "não consigo fazer isso". E de fato, algumas coisas estão acima da nossa aptidão.

Raciocínio Quântico 2 - Young & de Broglie

A experiência da dupla fenda ou experiência de Thomas Young (1773—1829) (físico, médico e egiptólogo britânico) é fundamental para a determinação da natureza quântica. A matéria-energia constitui uma propriedade básica que consiste na capacidade dos indivíduos subatômicos de se comportarem tanto como partículas ou como ondas. Isto se chama dualidade.

Foi enunciado pela primeira vez, em 1924, pelo físico francês Louis-Victor de Broglie (1892 —1987): "-os elétrons apresentam características tanto ondulatórias como corpusculares e sua forma de se apresentar de uma ou de outra maneira dependerá do experimento." Esta experiência de Young exemplifica que em acordo com a maneira que conduzirmos as tentativas ou os eventos em nossas vidas, ela será uma coisa ou outra.

Em resumo, assim tudo que nos cerca tem um desempenho composto por duas partes:

- Todos os elementos têm um comportamento duplo, ora se comportam como matéria, ora como se fossem ondas que se expandem em todas as direções (energia), o que nos dá a opção de escolher um dos seus estados.

- O que parece sobrenatural e mais extraordinário é o seguinte: - quando os cientistas faziam suas investigações, o comportamento dos elementos mudava em acordo, a expectativa deles, os cientistas, e se manifestava diretamente no experimento que executavam.

Seria onda ou partícula? Quando os especialistas partiam para encontrar partículas, eles as encontravam! Mas quando os cientistas partiam para encontrar ondas de luz, eles da mesma forma, também as encontravam, na mesma experiência.

Tudo é matéria e energia, inclusive seu desejo.

Podemos, sim, modificar a realidade de partículas simples, ou seja, podemos "desejar" e esperar quem em determinados momentos, ela seja "partícula" ou em outro, "onda" simplesmente, conforme demonstrou a experiência.

E como podemos trazer isto para nossas vidas diárias?

O Pensamento Quântico permite-nos ser livres para pensar e desejar; podemos aspirar criar a melhor realidade para nós, desde que ela tenha um propósito e você possa lidar muito bem com ela, quando chegar.

Quando você olhar para uma realidade e ela olhar para você, o princípio da Interpretação de Copenhagen de Bohr & Heisenberg estará demonstrando que esta realidade pode ser sua de fato, com Young & de Broglie a experiência da dupla fenda esta dizendo que você pode determinar quanticamente a natureza de todos os eventos em sua vida já que o enunciado e a experiência demostraram que você pode modificar o processo energético nos eventos da sua vida para atingir seus objetivos, pois será da maneira que você administrar as tentativas nos eventos da sua existência é que ela será uma coisa ou outra, o que você quer ou o que você não quer.

E para isto, é você quem tem que atuar.

Quando muitos se unem em torno de algo que realmente lhes importa, conseguem exercer uma grande influência em vários acontecimentos pessoais e quando isto acontece, cria-se uma nova realidade.

A família é o melhor lugar para começar a aprender a exercer este pensamento quântico modificando o estado de qualquer coisa.

Fazer acontecer, estarmos preparados para nos acostumarmos com isto, ter um propósito, é o objetivo. Tudo produzido pelo domínio da física quântica básica.

Muitos, em grupo, encontraram essa incrível "mágica". A família é um grupo.

- CAPITULO 4 –

A mente inconsciente x mente consciente

A verdade contribui em nossas conquistas

Até agora lemos que podemos fazer isto ou aquilo com a física quântica. Mas ainda não estamos completamente conscientes disto. Você sabia que o modo como você caminha, sua persistência, nível de egoísmo, o que você compra no supermercado quem decide estas e outras tantas coisas mais importantes não somos nós. Mas podemos e deveríamos ser.

Em 1996, o psicólogo John Bargh[7] realizou um experimento: - dividiu voluntários em dois grupos e pediu que formassem frases com palavras dadas por sua equipe. Um dos grupos algumas dessas palavras eram relacionadas à velhice (esquecido, careca, ruga, etc.). Logo a seguir, Bargh pediu que todos os voluntários caminhassem até outra sala, mais distante onde haveria mais testes. Ao cronometrar secretamente o tempo que levavam no percurso, ele descobriu que os voluntários com palavras associadas à velhice caminhavam mais lentamente que os do outro grupo, como se fossem idosos.

Todos os voluntários disseram não ter percebido as palavras relacionadas à velhice ou percebido qualquer coisa pouco natural no seu próprio jeito de caminhar.

O teste foi repetido várias vezes, com rigor científico, e o resultado foi sempre o mesmo, o inconsciente (ou subconsciente) atuando sem interferência alguma nossa.

O ser humano é uma animal "semi-desperto", ou seja, nós não estamos totalmente acordados para a realidade, e transitamos por

---

[7] John A. Bargh (nascido em 1955): - psicólogo social atualmente trabalhando na Universidade de Yale. Automaticidade em Cognição, Motivação, e Avaliação (ACME). O trabalho de Bargh centra-se na automaticidade e processamento inconsciente como um método para compreender melhor o comportamento social, bem como temas filosóficos, tais como o livre-arbítrio. Fonte: Wikipedia.

conta deste "pseudo" sonambulismo entre a barbárie e a revelação, entre o animalismo e sedução, e a iluminação.

Quem toma a maioria das nossas decisões, é o inconsciente, também chamado de subconsciente, o conjunto dos processos mentais que se desenvolvem sem intervenção da consciência. Em verdade, segundo psicanalistas importantes, vivemos um estado de "não conscientes", ou não totalmente conscientes.

Por exemplo, todos os processos físico-químicos são autônomos em nosso organismo. Pare e pense: - Neste momento você não sente que está apenas "usando" uma roupagem? Seu coração bate sozinho, sua respiração é autônoma, todos os processos celulares em seu corpo atuam sem sua intervenção, seu estomago, fígado, rins, bexiga, intestinos, enfim, funcionam sem sua autorização, intervenção e não lhe pedem nada. E nada você pode fazer, a não ser cuidar deles.

Vou lhe dar um exemplo grotesco para que não se esqueça do que acabou de ler: - Você (todos nós, claro) neste estado de semiacordados, e dentro dos processos fisiológicos autônomos possuímos uma pequena, quase ínfima parcela que podemos decidir: - se vamos ou queremos eliminar gases, ou pelo anus que chamamos de peidar, ou pelo esôfago ou boca, que chamamos de arrotar, ou se vamos ou não aos pés, eliminar fezes, ou urinar.

Você pode decidir arrotar e peidar em público. Quando quiser. Mas por que você não faz quando está perto de pessoas? (ao menos não deveria); Por que você não faz "xixi", nem "cocô" também? Por que possuímos discernimento que é a faculdade de escolher o que é certo, ter critério, juízo e distinguir com raciocínio sobre estas coisas.

É como se o seu organismo que é autônomo, dissesse: "-Bem, eu fiz minha parte, agora se você quiser fazer cocô e xixi na praça, é você quem decide.". Os animais fazem.

Dentro do discernimento, o raciocínio, que fornece os critérios que intensificam nosso poder de análise e definição e conseguimos ver a situação que nos cerca dando os sinais para definir e analisar (em todas as situações), o que podemos ou não fazer. Então vem a mensagem: "-Aqui não. Vá ao banheiro". Por quê? Por que o homem é um ser social cujas atitudes são derivadas deste estado que transita entre o animal puro e irracional e o animal consciente, desperto e pensante. Com a parte que está "desperta", podemos refletir sobre nossos atos e por tal, diferimos de qualquer animal que expele seus excrementos em qualquer lugar.

O homem é, portanto o único ser vivo neste planeta que está "meio" acordado, mas ainda muitas das nossas decisões são tomadas pelo subconsciente, como um "pai" protetor, um "patriarca", e muitas vezes nos conduzindo por caminhos que o inconsciente acredita ser mais seguro para nós. São situações, por exemplo, quando alguns anos depois, paramos e pensamos: "-como vim parar aqui?" Mas a decisão, se tomarmos consciência disto, ou seja, se originarmos para fora, para o âmbito da consciência desperta, poderemos alcançar grandes resultados, ou melhores ocorrências trazendo para o consciente a tomada das decisões em nossas vidas.

Então o homem é o único ser vivo que pode ter um raciocínio quântico consciente.

E como começamos isto?

Precisamos conhecer a verdade das coisas. Tudo a nossa volta é como papel. Toda a mídia, principalmente a Internet, é como papel. Se a mídia escrita, falada, televisada, etc. for sua fonte de informação (e não bibliotecas), não esqueça que papel, pode ser escrito qualquer coisa.

A humanidade está preparada neste exato momento para crer em qualquer coisa. Sim, qualquer coisa bombástica, que mexa com as estruturas, e você vai brigar por ela, a favor ou contra.

A chave que abre a porta? É testar.

Começamos pela chave do conhecimento necessária para conquistar um estado especial que se pode denominar de consciência livre, ou livre pensador e isto pode ser nos dado pelo pensamento para exercermos o raciocínio quântico, este das inúmeras possibilidades que algo pode ser, ter ou se revelar.

As pesquisas dos cientistas ajudam-nos a entender que através do **domínio do conhecimento**, adquirimos capacidade para pesquisar e observar a realidade que nos cerca – para ver onde estamos e analisar aquela que desejamos atingir; de posse deste conhecimento, *conseguiremos aperfeiçoar pela complementaridade a nós e aos nossos; então é aí que entra a parte desperta da nossa consciência. É neste momento que exercemos o livre-arbítrio.*

Aos poucos toda esta informação gera *conhecimento para nós e para os nossos*; que resultará em um *nível superior de educação* quando trocamos informações internamente no núcleo família e externamente, na sociedade e verificamos se a nossa condição de "semidespertos" gerou resultados positivos em nossas vidas.

Quanto maior for a capacidade de **dominar o conhecimento** melhores serão nossos propósitos e intenções, mais fácil será atingir nossos desejos, por que exercemos a capacidade de escolher, e não exclusivamente nosso subconsciente.

Analisar como as "coisas" podem ser verdadeiras.

(exemplo)

Estágio de Análise 1

ENUNCIADO

"Hoje sabemos que existem experimentos científicos que nos mostram que se conectarmos o cérebro de uma pessoa a computadores e scanners[8] e pedirmos para olharem para determinados objetos, podemos ver que certas partes do cérebro vão sendo ativadas".

Estágio de Análise 2

"Por outro lado, se pedirmos para fecharem os olhos e imaginarem o mesmo objeto, as mesmas áreas do cérebro se ativarão como se estivessem vendo os objetos".

Estágio análise dos resultados obtidos

Pergunta 1 dos cientistas:
- quem vê os objetos? O cérebro ou os olhos?
Pergunta 2 dos cientistas:
- O que é a realidade? É o que vemos com nosso cérebro? Ou é o que vemos com nossos olhos?

---

[8] Equipamento que realiza a transformação de imagens em dados digitais.

Conclusão

"A verdade é que o cérebro não sabe a diferença entre o que vê no ambiente e o que se lembra, pois os mesmos neurônios[9] são ativados".

Dúvida

"Então podemos e devemos nos questionar o que é realidade?".

Sim, com os nossos "estágios" de raciocínio quântico, podemos com certeza questionar e duvidar, e escolher.

Como escolher com base nesta formula?

Se fizer sentido para você o que está a sua volta, se sua vida está boa, ok, este é seu caminho e existe uma realidade palpável que lhe fornece sustento e vida para todo seu sistema autônomo. Caso contrário se não traz significado, então não é uma realidade, pois contraria o estado de sobrevivência. Questione-se, discuta, proteste, com objetivos claros.

Este passo a passo você pode usar em várias situações da sua vida para dirimir questões e decidir com mais calma.

Apesar do cérebro não saber a diferença entre o que vê no ambiente e o que se lembra, serão as nossas experiências com o Universo local que nos fará crescer, amadurecer e criar conhecimento pela chave **domínio**, por que o homem AINDA se regula pela tentativa e erro.

Assim, quando analisamos qualquer informação precisamos ter a possibilidade de saber o quanto ela pode ser plausível para sua vida; se as afirmações que elas contêm são verdadeiras para você, se vão aumentar a sua capacidade de escolha.

Ou ainda, que nelas se encerre algum conhecimento que pode ajudá-lo a entender o mundo que o cerca, caso contrário, você poderá passar muito tempo da sua vida, iludido.

Somos bombardeados por grandes quantidades de informação que, quando entram em nossa mente, são processadas por nossos órgãos sensoriais, e a cada passo partes da informação vão sendo descartadas, por que não têm valor. O que finalmente

---

[9] Célula fundamental do tecido nervoso.

chega à consciência é o que mais utilidade possui. O cérebro processa 400 bilhões de bits de informação por segundo, mas só tomamos conhecimento de 2.000 bits. E esses 2.000 bits são sobre o que está ao nosso redor, nosso corpo e o tempo.

As outras informações não é que não sejam importantes. Depende do momento; por exemplo, você sabe que a sua TV estará sempre no mesmo lugar, até que troque de posição. Outro exemplo: - se você estiver lendo e um som estridente e insuportável incomodar, então isto passará a ter mais importância, por que está mexendo com sua fisiologia, e seu inconsciente está atuando. Se você for completamente surdo, nem o apito de um trem o removerá de onde está. Novamente o subconsciente atuando antes de você, de nós.

Vivemos em um mundo onde só enxergamos a ponta do iceberg. Isso significa que a realidade está acontecendo a todo o momento no cérebro, mas nós não a absorvemos. Os olhos são como lentes, mas o que realmente está enxergando é a parte de trás do cérebro. É o córtex visual, igual a uma câmera", mas você só enxerga a ponta do iceberg, por que ela é a parte suficiente para sua vida.

Os elementos atômicos, a luz e outras formas eletromagnéticas têm um comportamento dual - ora se comportam como se fossem constituídos por partículas, ora agem como se fossem ondas que se expandem em todas as direções.

Este comportamento da energia permite que possamos moldar nossos desejos e exercermos o livre arbítrio, longe do nosso subconsciente.

Já sabemos que quando os cientistas investigavam a natureza do comportamento dos elementos que eles observavam a mudança de estado, era estabelecida pela expectativa deles, cientistas, e se manifestava diretamente no experimento que executavam.

Se eles partiam para encontrar partículas, eles as encontravam; Quando os cientistas partiam para encontrar ondas de luz, eles da mesma forma, também as encontravam!

Ou seja, o esperado sempre irá se refletir na sua experiência de vida.

Atribuir características ao pensamento quântico.

Como se pode conciliar o fato de que uma coisa pode ser duas ao mesmo tempo, mas apenas uma delas em acordo com seu desejo?

Como atribuir características ao seu desejo ou propósito afim de que sirvam como ferramentas para seu intento? Como transformar isto em algo parecido com o experimento científico para que as energias tomem o rumo que você quer? E consequentemente a expectativa do esperado, determine um ou outro comportamento conforme sua necessidade?

As "coisas" eram determinadas, na experiência, pela expectativa dos especialistas ao executar o experimento: - **eles estavam modificando a realidade dos elementos atômicos**, os mesmos que constituem nossos corpos e tudo que está a nossa volta.

Podemos fazer o mesmo? Sim. A quantidade de matéria (energia) e tempo necessário será relativo ao nosso nível molecular, mas podemos.

Raciocínio Quântico 3 - Bohr

Novamente Niels Bohr elabora o "princípio da complementaridade"

Ele estabeleceu que, embora o inverso de cada uma das experiências eram incompatíveis uma com a outra num dado instante, os dois comportamentos são igualmente necessários para a compreensão e a descrição dos fenômenos atômicos.

O que é um princípio

Principio é algo que não possui regulamentos. É algo que pode ser aplicado em qualquer evento de nossas vidas em qualquer lugar do Universo. Por isto um "princípio" é algo que pode dar origem a muitas coisas em inúmeros fatos, partindo de um único ponto. O "princípio" é a causa primária que serve a muitas ocorrências e que entra na composição de tantas e quantas coisas em nossas existências. Um princípio não é "quadrado", pois seria limitado como são regras, e isto impediria de ser utilizado em outros pontos da vida. Exemplo: - A legislação de um País não serve a outro; as leis de qualquer Estado Europeu não podem ser aplicadas no Brasil. Portanto, serve apenas a eles e somente eles podem viver sob aquelas regras que determinarão uma única condição em suas vidas. No entanto, tais regras foram ao longo dos anos formadas pelo princípio do Direito romano.[10]

Um "princípio" determina inúmeras condições que podem ou não ser benéficas, que podem ou não ser aproveitadas, portanto é uma forma frequência pensamento quântica de origem, que dá procedência a inúmeras possibilidades no TODO. Talvez a maior e mais importante de todas. Uma "semente" de qualquer vegetal é quântica.

Muitas vezes vivemos situações onde sobrevivem duas realidades antagônicas ou invertidas em nossas vidas e mesmo que não queira alguma delas ainda, mas tal realidade segue se repetindo, é por que de alguma forma ela é importante e necessária para a compreensão do que você precisa aprender na vida, para atuar no mundo dos fenômenos quânticos.

A aparente falta de coerência, segundo o principio de Niels Bohr é necessária, portanto, em nossas vidas. Aprendemos com elas.

O "princípio" aceita a diferença lógica entre os dois aspectos extremos: - são semelhantes e se complementam no fenômeno, exatamente por que são dois os aspectos aguardados pelos cientistas momentos antes dos testes.

Preciso atravessar o rio?

O princípio da complementaridade está afirmando que tudo o que existe pode tomar mais de um sentido e possuir uma natureza composta de duas partes: a matéria, que pode ser aplicada como *mente* e a energia (também entendia como *espírito)*, e que ambas podem e devem trabalhar em conjunto, em nosso ser, para modificar conforme o nosso desejo ou propósito, caso haja necessidade, em acordo com nossas experiências externas e necessidades pessoais.

Tudo que nos cerca, inclusive nós mesmos, somos feitos dos tais *elementos atômicos, energia;* somos uma concentração

---

[10] Conjunto de regras jurídicas da cidade de Roma e, mais tarde, aplicado ao território do Império Romano e após, ao território do Império Romano do Oriente. Tais princípios de regras continuaram a influenciar a produção jurídica dos reinos ocidentais. Em termos gerais, a história do direito romano abarca mais de mil anos.

calculável de átomos, e sendo assim, podemos ter qualquer situação que desejarmos para nós mesmos, nossa vida, e o local que desejamos alterar.

A situação que cobiçamos será uma ou outra, bastando querer, antes de agir.

Como um aspecto é ser uma "onda" e o outro é ser uma partícula, não são contraditórios, por que precisa complementar-se, você poderá trabalhar com um ou com outro.

Apenas escolha aquela situação com a qual consegue trabalhar melhor.

Exerça o **domínio**, fazendo com que a parte "não material" atue sobre a parte material, ou seja, que o livre-arbítrio supere o subconsciente e traga à luz da consciência a capacidade de PENSAR ANTES DE AGIR, pois *o espírito precede a matéria*. A sua energia precisa ser mais forte na melhor escolha que você fez antecipadamente e pensou nela, refletiu sobre ela. É como quando você vai atravessar um rio, de margem a margem, vários devem ser as reflexões: "- Estou com os sapatos adequados? Esta pedra está firme? A correnteza é forte? Se eu pisar e escorregar, eu vou apenas cair ou vou ser levado água abaixo? Se cair poderei levantar? Se eu tombar e for levado pela correnteza, conseguirei sobreviver?"; tantas quantas forem necessárias, mas por ultimo, antes de entrar no rio e atravessa-lo, a principal questão: "-Preciso atravessar o rio? Eu não estou bem onde eu estou? Sim, estou. Então fico. Não, não estou bem. Então atravesso. "

É o poder do algo sobre alguma coisa, é o **espírito** sobre a **matéria**, que atua e **modifica** a ingerência total do inconsciente em nossas vidas. É o livre arbítrio funcionando com o raciocínio quântico.

Os átomos possuem "vida", um tipo de consciência; nós somos um conjunto calculável de átomos com este tipo de consciência, mas de uma forma *organizada*, interagindo molécula a molécula, tudo isto em nosso corpo energizado por uma força, que entendemos como *espírito*.

Portanto precisamos aprender a manejar as partículas quânticas como se fossem iguais aos objetos de nossa vida diária, e tudo que nos rodeia.

Formas Pensamento

Criando energias para nosso sustento.
Raciocínio Quântico 4 – Einstein & Schrödinger
O entrelaçamento quântico

A expressão 'entrelaçamento' foi elaborada por Erwin Rudolf Josef Alexander Schrödinger, físico de origem austríaca (Viena-Erdberg 1887 — Viena 1961) físico teórico conhecido por suas contribuições à mecânica quântica, especialmente a equação de Schrödinger, pela qual recebeu o Nobel de Física em 1933.

É um fenômeno da mecânica quântica que permite que dois ou mais objetos estejam de alguma forma tão ligados que um objeto não possa ser corretamente descrito sem que a sua contraparte seja mencionada - mesmo que os objetos possam estar espacialmente separados por milhões de anos luz.

Assim, mesmo que uma partícula esteja neste Planeta e sua contraparte esteja situada em outra esfera, portanto distantes anos-luz uma da outra, se uma for movida para baixo a outra também será movimentada na mesma direção simultaneamente, independente do tempo que a luz levar para viajar de um lugar a outro. Este fenômeno é conhecido como tele transporte quântico.

Quando duas ou mais partículas ficam entrelaçadas, cria-se entre elas uma conexão quase metafísica: qualquer coisa que acontecer a uma alterará imediatamente a outra, mesmo que elas estejam em lados opostos da galáxia - Einstein chamou isso de ação fantasmagórica à distância.

Duas partículas podem ficar em dois lugares ao mesmo tempo - mas é com base nessas propriedades que estão sendo construídos os computadores quânticos.

Em setembro de 2014, foi anunciado que uma Cientista mineira revolucionava a física com a primeira fotografia quântica.

A experiência demonstrou a ocorrência do entrelaçamento quântico entre pelo menos duas partículas. Nesta um "fóton... é enviado em uma trajetória e atravessa uma placa de silício com a imagem de um gato. Já outro fóton... segue um caminho diferente e é refletido em um espelho e enviado para uma câmera fotográfica." O fóton que NÃO passou pela placa com a imagem do gato (o último da explicação anterior), mas foi diretamente para a câmera, registrou a mesma imagem, do gato. Este fóton estando entrelaçado com aquele que passou a placa com a imagem do gato, ainda que não estivesse passado, recebeu a mesma informação daquele fóton que "viu" o gato e imprimiu a imagem do gato.[11]

Relação entre nossos pensamentos e o entrelaçamento quântico.

A forma frequência/pensamento é uma poderosa ordem de forças energéticas criadas pelos seres humanos e estão em maior quantidade depositadas no inconsciente do coletivo. Lembre-se: *"Quem toma a maioria das nossas decisões, é o inconsciente, também chamado de subconsciente, o conjunto dos processos mentais que se desenvolvem sem intervenção da consciência. Em verdade, segundo psicanalistas importantes, vivemos um estado de "não conscientes", ou não totalmente conscientes."*.

E necessitamos entender ao menor parcialmente o teor quântico destas energias por que elas afetam nossas atividades 24 h por dia, inclusive quando dormimos. Nós criamos nossa realidade em primeiro lugar na mente; posteriormente a externamos, retirando a ideia pré-concebida e a depositamos no Universo local para que possam começar os eventos que nos levarão até nossos objetivos. A partir daí, não somos e não estamos mais sozinhos para construir nossa realidade. Dependemos de tudo e de todos quantos estiverem no caminho das manipulações que fizermos para manejar os eventos em acordo com nossa finalidade.

Se cada um de nós é "comando" substancialmente por nosso inconsciente (ou subconsciente), precisamos compreender isto em escala Global, num Planeta, o nosso, onde residem mais de sete bilhões de pessoas onde cada uma delas possui, obviamente, um

---

[11] https://nupesc.wordpress.com/2014/09/19/cientista-mineira-revoluciona-fisica-com-fotografia-quantica/

subconsciente a comandar e a "expelir" as energias destes pensamentos para o Universo local.

Como "trabalhar" isto em nossas vidas de forma quântica?

Bem, estas energias são geradas por todos nós e possuem suas <u>frequências</u> respectivas: - Medo, amor, paixão, ódio, são as principais, mas a tabela é grande. Vou listar toda que pude descobrir, e vou colocar o nome, exatamente como as encontrei: Lista de emoções/sentimentos/estados[12] (observe a quantidade de sentimentos que um ser humano pode gerar. Assim como enxergamos as cores por que são frequências, sentimos as emoções por que também são frequências ondulatórias. São campos magnéticos.):

Abalo	Educação	Paciência
Abatimento	Efusão	Paixão
Aceitação	Egoísmo	Pânico
Adaptação	Embaraço	Paralisia
Adoração	Emburramento	Passividade
Afeição	Empatia	Pavor
Afetividade	Empolgação	Paz
Afirmação	Encaixe	Pedantismo
Agitação	Encantamento	Pena
Agonia	Engano	Perceptividade
Agressividade	Energia	Perda
Ajustamento	Engrandecimento	Perdão
Alegria	Entusiasmo	Perfeição
Alienação	Equilíbrio	Persistência
Amargura	Erraticidade	Perseverança
Ambição	Esgotamento	Perturbação
Amor	Espanto	Perversidade
Angústia	Esperança	Pessimismo
Ânimo	Espiritualidade	Piedade
Ansiedade	Espirituosidade	Plasteza
Antipatia	Estabilidade	Positivo
Apatia	Estarrecimento	Posse
Apego	Estresse	Prazer
Apoio	Estruturação	Preconceito
Apreensão	Estupor	Preguiça

---

[12] http://www.possibilidades.com.br/percepcao/lista_estados.asp

Ardor	Euforia	Preocupação
Arrependimento	Exaustão	Pressa
Arrogância	Expectativa	Prestatividade
Atenção	Explosão	Proatividade
Atração	Êxtase	Prosperidade
Ausência	Falsidade	Prudência
Autismo	Familiaridade	Pudor
Autoritarismo	Fanatismo	Querer
Avareza	Fascínio	Radiância
Aversão	Fé	Raiva
Avidez	Felicidade	Rancor
Beleza	Ferocidade	Realização
Boa-intenção	Fidelidade	Rebeldia
Bom-humor	Fingimento	Receptividade
Bondade	Flacidez	Rejeição
Bravura	Flexibilidade	Remorso
Brilhantismo	Força	Renúncia
Brio	Fracasso	Repelência
Calma	Fragmentação	Repugnância
Capacidade	Franqueza	Reserva
Carência	Fraqueza	Resiliência
Caridade	Frieza	Respeito
Carinho	Frivolidade	Responsabilidade
Carisma	Frustração	Ressentimento
Castidade	Fuga	Revanchismo
Catalepsia	Gentileza	Revide
Cegueira	Graça	Revolta
Celeridade	Gratidão	Rigidez
Centrado	Gula	Sabedoria
Chateação	Harmonia	Sadismo
Ciúme	Hipocrisia	Safadeza
Civilização	Histeria	Sagacidade
Civismo	Honestidade	Sarcasmo
Clareza	Honra	Satisfação
Coerência	Horror	Saturação
Cólera	Hostilidade	Saudade
Comoção	Humanidade	Segurança
Compadecimento	Humilhação	Sem-graceza
Compaixão	Idealismo	Sem-vergonhice
Companheirismo	Igualdade	Sensatez
Complacência	Iluminação	Sensibilidade
Competitividade	Ilusão	Sensualidade

Compreensão	Imparcialidade	Separação
Comprometimento	Imperfeição	Serenidade
Compulsão	Incapacidade	Servidão
Concentração	Incoerência	Simpatia
Conciliação	Incongruência	Sinergia
Confiança	Incompatibilidade	Sofrimento
Conflito	Incompreensão	Solidariedade
Conformismo	Inconsciência	Solidão
Confusão	Inconsequência	Sonho
Congruência	Inconstância	Sossego
Consciência	Incredulidade	Suavidade
Consequência	Indecisão	Subserviência
Consolação	Independência	Sufoco
Constrangimento	Indiferença	Superioridade
Contentamento	Inércia	Surpresa
Convicção	Inferioridade	Tédio
Coragem	Infidelidade	Teimosia
Cordialidade	Ingenuidade	Temor
Covardia	Ingratidão	Tenacidade
Credulidade	Inibição	Ternura
Crença	Iniciativa	Terror
Criatividade	Injustiça	Tesão
Culpa	Inocência	Timidez
Cumplicidade	Inquietação	Tolerância
Curiosidade	Insatisfação	Tranquilidade
Curtição	Insegurança	Tristeza
Decepção	Insensatez	União
Decisão	Insensibilidade	Unificação
Delicadeza	Instabilidade	Urgência
Dengo	Integração	Vaidade
Dependência	Integridade	Valentia
Depressão	Inteligência	Vergonha
Derrota	Interesse	Vibração
Desafeição	Intimidade	Vida
Desamparo	Intranquilidade	Vigor
Desânimo	Intrepidez	Vingança
Desajeitamento	Intrometimento	Virtuosidade
Desapego	Inveja	Vítima
Desapontamento	Ira	Vitória
Desconfiança	Irritação	Vivacidade
Desconsolação	Isolamento	Volúpia
Descontração	Justiça	Vontade

Descrença	Lástima	Vulnerabilidade
Desejo	Leveza	
Desencanto	Liberdade	
Desesperança	Libertinagem	
Desespero	Liderança	
Desestruturação	Loucura	
Desgaste	Luto	
Desgosto	Luxúria	
Desgraça	Má-intenção	
Desilusão	Mágoa	
Desinibição	Maldade	
Desintegração	Mal humor	
Desinteresse	Malignidade	
Desligamento	Maravilhar-se	
Deslumbramento	Masoquismo	
Desonestidade	Medo	
Desorientação	Meiguice	
Desprazer	Melancolia	
Desprezo	Mistério	
Desrespeito	Morte	
Desunião	Necessidade	
Determinação	Negativismo	
Devaneio	Negligência	
Dignidade	Nojo	
Dilema	Obcecação	
Diletantismo	Obediência	
Discórdia	Obstinação	
Discriminação	Objetividade	
Dispersão	Obliteração	
Disponibilidade	Observação	
Disposição	Ódio	
Dissimulação	Orgulho	
Distanciamento	Otimismo	
Divagação	Ousadia	
Divagação		
Divisão		
Dó		
Docilidade		
Dominação		
Dor		
Dúvida		

Cada uma destas emoções acima possui uma frequência determinada.

Frequência em Física

Frequência é uma grandeza física relacionada à ondulação que indica o número de ocorrências de um evento (ciclos, voltas, oscilações, etc.) em um determinado intervalo de tempo. Por exemplo, nossa visão, enxerga apenas uma faixa muito restrita de frequência que vai desde aproximadamente 379 mega-hertz que é a cor da luz vermelha, até um pouco além de 827 mega-hertz que é a cor da luz violeta. Ou seja, antes de 379 Mhz, e depois de 827 Mhz existem muitas outras coisas que poderiam ser vistas, mas nós não as enxergamos. E na maioria das vezes por não enxergarmos algumas destas "coisas", acreditamos que não existem. Mas antes dos 379 Mhz nós temos os raios gama, os raios X, e o ultravioleta; e após os 827 Mhz, existem os raios infravermelhos, as micro ondas e as ondas de rádio, televisão, wifi... Aqui você já percebe que este raciocínio quântico já nos leva a perceber um mundo que talvez você não soubesse que existia, ou pelo menos não conectava uma coisa com outra.

Frequências são ações físicas que ocorrem por mais de uma vez. Pode ser também considerada a repetição de fatos ou acontecimentos com relativa constância e está (considerando o inconsciente coletivo) diretamente relacionado ao número habitual de pessoas que se encontram gerando as mesmas frequências.

Exemplificando: - Quando você aperta um botão no controle, sua TV "sintoniza" (importante este termo) e capta uma determinada frequência e você poderá assistir a Rede Globo®, ou a TV Record®, ou o SBT®. Você não poderia ajustar a sua TV na frequência da Rede Globo® esperando ver outra emissora qualquer. Então, a sua TV é o receptor, e todos os canais de TV, são as emissoras, aquelas que emitem o sinal.

Mais recentemente com a TV digital, o aparelho passou a ser um emissor também, por que as smart TVs, além de captarem os sinais das emissoras, elas podem transmitir muitas coisas, inclusive suas preferências de programação. E ainda mais recentemente, a tecnologia caminha para conectar todos os equipamentos: - acredite se quiser, ou pesquise, mas a indústria de tecnologia está conectando o impensável: aspiradores de pó, máquinas de lavar roupa, aparelhos de TV, cafeteria, fogão, geladeira. Em poucos anos serão comuns que os produtos tecnológicos que você comprar para sua casa estarem conectados e "conversando" entre si, e você os controlando pelo seu smartphone ou equipamento da época, e cada um deles enviando suas preferências, e suas atividades para o fabricante, a fim de, segundo eles, produzir equipamentos que se aproximem cada vez mais das suas necessidades. Será comum você chegar a sua moradia e estar concluído, o almoço, sem a intervenção humana.

Nós também somos assim. Emissores e receptores. E sintonizamos com outras pessoas as frequências das emoções que sentimos e disseminamos para a atmosfera através do "entrelaçamento quântico", todas estas emoções que acabam por criar uma imensa "massa" energética que possui a frequência do amor, ou do medo, ou do rancor, ou do ódio, ou egoísmo, ou do pânico, ou da paciência, ou da falta, ou da ausência, ou do dinheiro, etc. (volte na lista e escolha a sua...).

Estas frequências emotivas lançadas ao espaço continuam conectadas conosco, e como são iguais, de mesma ordem e grandeza em mega-hertz, todas as idênticas se unem a todas as outras frequências de todas as outras pessoas que tiveram as mesmas frequências de sensações; e quando todas elas se unem, como a sua está ligada a sua mente, você "sintoniza" uma experiência ainda maior do que a inicial de abalo, abatimento, aceitação, adaptação, adoração, afeição, afetividade, afirmação, agitação, agonia, agressividade, ajustamento, alegria, alienação, amargura, ambição, amor, angústia, ânimo, ansiedade, antipatia, apatia, apego, apoio, apreensão, ardor, arrependimento, arrogância, atenção, atração, ausência, autismo, autoritarismo, avareza, aversão, avidez, beleza, boa-intenção... Só as primeiras da listagem.

Você envia uma frequência de "medo" de x Mhz de potencia X em watts, e recebe de volta, a mesma frequência de "medo" de x Mhz, mas de potencia muitas vezes maior. E o medo aumenta. Então você como emissor, e condenado pelo controle do seu inconsciente, re-envia a mesma frequência de "medo" de x Mhz, mas de potencia muitas vezes maior para a atmosfera, e de volta recebe a mesma frequência de "medo" de x Mhz, mas de potencia ainda maior do que a maior que você já havia recebido.
Por outro lado,

Você envia uma frequência de "amor" de x Mhz de potencia X em watts, e recebe de volta, a mesma frequência de "amor" de x Mhz, mas de potencia muitas vezes maior. E o amor aumenta. Então você como emissor, e "condenado" (agora por uma boa causa) pelo controle do seu inconsciente, re-envia a mesma frequência de "amor" de x Mhz, mas de potencia muitas vezes maior para a atmosfera, e de volta recebe a mesma frequência de "amor" de x Mhz, mas de potencia ainda maior do que a maior que você já havia recebido.

Percebe como é importante controlar a emissão de emoções? É uma forma de "manipular", "ludibriar" seu inconsciente que vai transmitir sem que você saiba, então o engane, mudando a frequência da sua emoção. Vamos ver se é possível isto, por exemplo, num momento de pânico.

Imagine isto numa escala muito maior do que somente você: - dezenas de alunos em sala de aula, milhares de pessoas em um auditório, milhares e milhares em um show ao vivo ou pela TV, você estará emitindo inúmeras frequências de sentimentos no espaço, conectando a outras de igual número de vibrações e recebendo delas, as mesmas sensações, por que todos estão conectados. Imagine a mídia, toda ela reportando uma guerra, um ataque terrorista, um tsunami, focando toda uma humanidade em torno de um problema grave?
Citei exemplos ao vivo, mas em casa todos nós estamos emitindo emoções constantemente, como você já viu.

Você consegue "sentir" e perceber que quando você lê palavras do tipo: - terror, ataque, guerra, tsunami, terremoto, destruição, isto lhe deixa inquieto? Então, é seu inconsciente liberando todas estas frequências para a atmosfera, e gerando uma bioenergia de defesa (falaremos mais adiante) que absorve muita energia, deixando-o fraco, inconsistente, e principalmente ou por causa dele, com medo.

Mas amor, gratidão, paz, saúde, fraternidade, humanidade, bem-aventurança, amizade, abraço, beijo, sexo, prazer, são frequências que nos "aliviam"; você sente isto?

- Quando uma potente emissora de "medo" encontra um receptor que está com o canal da frequência do "medo" aberto, ela entra.

- Quando uma potente emissora de "amor" encontra um receptor que está com o canal da frequência do "amor" aberto, ela entra.

- Quando uma potente emissora de "insatisfação, insegurança, insensatez, insensibilidade, instabilidade," encontra um receptor que está com o canal da frequência de "insatisfação, insegurança, insensatez, insensibilidade, instabilidade" aberto, elas entram.

- Quando uma potente emissora de "amor, esperança, gratidão, união, tranquilidade, afeto, docilidade" encontra um receptor que está com o canal da frequência de "amor, esperança, gratidão, união, tranquilidade, afeto, docilidade" aberto, elas também entram.

São frequências, energias, produzidas pelo cérebro, pela mente. É ciência. Ao colocarmos alguém num scanner podemos verificar que determinadas partes do cérebro se iluminam enquanto visualizam imagens de uma natureza benéfica, e outras de natureza nociva, possuem até cor, dimensão em diferentes regiões do cérebro. São estas formas pensamento que dão o "start" inicial necessário para estas frequências emocionais.

A importância do entendimento do entrelaçamento quântico e nossas emoções no raciocínio quântico

Do amor ao ódio

- Tudo que enviamos, recebemos.
- Tudo o que raciocinamos em relação ao outro pensamento, nos conectamos a ele.
- Tudo ao que nos conectarmos enquanto pensamos, enviamos nossos sentimentos.
- Tudo o que sentimos quando pensamos, ao ser recebido, retorna na mesma intensidade, tamanho e força.
- A qualquer distância. Em qualquer tempo. Em qualquer dimensão ou plano da consciência ou da inteligência.
- Isto é fato à Luz da Ciência contemporânea.

Existem inúmeras formas de controlar, ou pelo o menos tentar, a emissão de emoções perturbadoras. Vamos interpretar uma passagem da Bíblia, em Marcos 14:38. Tomamos a Bíblia, mas são muitas os conceitos de assistência ao homem espalhados em muitas religiões e em seus alfarrábios. Também usamos esta passagem da Bíblia não como fonte religiosa, mas como um livro também de grande sabedoria.

Portanto, de fato, "Vigiai e orai, para que não entreis em tentação (1); na verdade, o espírito está pronto, mas a carne é fraca (2)." Interpretado:

(1)   Não pensar, não atuar para não enviar o que não gostaria de receber.

(2)   O Espírito JÁ É para a verdade, mas a matéria NÃO É por que AINDA não está aperfeiçoada ou completa neste plano. Este é tem sido o trabalho da alma desde então.

Isto é fato à Luz da Espiritualidade progredida.

O nosso cérebro está programado para nos defender, manter-nos sobreviventes neste Planeta. Ele cria estratégias para impedir que você não vá muito longe. O cérebro capta todas as informações do nosso estilo de vida e na medida da qualidade do nosso corpo, através do inconsciente nos libera para maiores experiências, ou não, elevando o nível de sobrevivência ou diminuindo conforme o caso. Alguns das emoções que a mente usa, é o medo, para impedir que façamos coisas que não estão dentro da nossa competência, e que sem a devida experiência, certamente não dará certo.

Se você quiser escalar uma montanha e não tiver a experiência de um alpinista, ainda que acompanhado por um profissional, nossa mente nos "inundará" de medo, temor, criando um enorme receio, elevando o grau de sobrevivência para que você desista. Se você não desistir, o organismo vai manter a adrenalina ao máximo para deixa-lo desperto em toda esta jornada. O cérebro é um estrategista. No entanto, muitas vezes, há um exagero, e o medo supera a situação real. Isto é devido a vários fatores que não vem ao caso neste livro. No entanto, por exemplo, alguns transtornos ou desequilíbrios emocionais é um embate muito grande entre o inconsciente que não "larga" de querer comandar e o consciente que precisa de novas experiências para elevar o grau de conhecimento, e para isto se faz necessário inúmeras atividades que o cérebro/mente entende como perigosas para você. Quando um transtorno diz para você na sua voz interna, "não faça isto, por que pode acontecer aquilo", "se você fizer isto, tal ou qual coisa acontecerá", é a mente inconsciente querendo manter o controle sobre a mente consciente.

Preparando um roteiro para você

Assim como o cérebro pode programar nossas ações, o "sistema" também, e muitos especialistas sabem disto. Os "especialistas" em programação mental sabem, por exemplo, que nós, seres humanos, nos compadecemos por noticias onde supostos "canalhas", "malandros", "sem vergonha", "libidinosos", "aproveitadores", "malvados", "bandidos", "facínoras", "terroristas", "crianças", "guerras", "regiões pobres", enfim, geram as emoções necessárias para criar um script, que é uma forma de programação de todas as mentes que começarem a se conectar nestas emoções. Então, toda a mídia, através de uma estratégia criada e desenvolvida ainda "mais acima" e anteriormente, dá origem naturalmente a uma série enorme de "instruções" de como as ações devem ser tomadas, como devem ser seguidas, exatamente como uma peça de teatro, filme ou programas de TV. Os atores? Eles. A plateia indignada? Nós (se quisermos). Neste roteiro onde estão escritas todas as informações sobre o espetáculo se transforma em uma narrativa diária que vai conter todas as informações necessárias para os "atores" ou "apresentadores" (eles). Todo este roteiro é um texto escrito detalhadamente a partir de um argumento intensamente emocional, de origem audiovisual espalhado em toda a mídia, para não deixar ninguém de fora. Se você não viu na TV, não leu nos jornais, ou não ouviu no rádio, alguém em algum lugar vai lhe contar, de uma maneira tão intensa e sórdida (todo ser humano gosta de ser o mensageiro de algo muito importante), que você vai querer saber.

Neste "panorama" dos "personagens", além de descrições técnicas sobre o cenário e sobre o comportamento dos atores em diferentes momentos, existe o bombardeamento diário até que atinja toda a "massa". Então eles sabem que ao trazer este tipo de evento para você é a melhor estratégia para levar a emoção ao auge, e logo a seguir instalar qualquer script desejado em nossas mentes. Tudo isto com a ajuda do nosso inconsciente, que quer nos proteger. Quando a "cena" chega a um nível dramático de emoção, seu instinto de sobrevivência foi elevado ao máximo, você não mexe nenhuma "pena", você está congelado, esperando pelo desfecho. Você está "programado" para aceitar qualquer coisa, pois as emoções fixam, firmam toda a ideia original pela sólida argumentação que estamos recebendo pela mídia. Somos invadidos, e pela persistência (não esqueça esta palavra) e obstinação, apoia-se toda a "programação" de qualquer script em nossas mentes. E junto a isto para consolidar ocorrem inúmeras associações de "imagens" (fotos e vídeos) com a frequência emoção apropriada de furor, medo, agonia, alegria, fraqueza, angústia etc. transformada em frequência de compaixão (a sua) ou ódio mortal (a sua) para quem, como, aonde e de qual forma eles desejarem. E nós, os robôs daremos origem a toda estas frequências alimentando todos os dias esta forma pensa com tudo aquilo que for sugerido. E, em sendo energia, esta forma pensamento necessita de mais e mais energia para se manter viva, indo "buscar alimento" nos canais que estiverem sintonizados com ela, saindo do inconsciente coletivo até sua mente.

Então agora você percebe que quando um grande evento libera uma determinada frequência de emoção na atmosfera, você recebe um "start" mental, que abre um canal da mesma frequência: "discórdia, intolerância, discriminação, guerra, fanatismo, repugnância, ódio, vingança, etc..." e estas frequências vão alimentando essa enorme massa energética, a cada segundo que um e outro lê, vê ou ouve, e nutre esta imensa "forma-pensamento", que passa a retransmitir tudo novamente para os canais abertos que estão em você como receptor, "devorando" e alargando em tamanho e potencia a cada instante. E toda esta energia fica retida no inconsciente coletivo do Planeta Terra.

E isto nos afeta bem ou mal.

Grandes projetos exigem grande detalhamento, tempo, pessoal, e principalmente dinheiro, apenas para começar. Aliás, todo grande projeto (e "grande" significa o que você acha que é suficiente para você como objetivo em sua vida. Não é o "grande" do outro...). Mas distintos projetos igualmente grandes precisam apenas de uma única energia para começar: - o amor. Eu poderia citar muitos, mas vou mencionar apenas um: - uma das maiores redes sociais dos últimos tempos, o Facebook® surgiu exclusivamente por amor. Mas este amor pode ser, ou pela ausência e negação, e consequente necessidade de tê-lo, ou por amor a uma causa, profissão, etc. Se você quiser saber mais, assista ao filme "The Social Network" um filme americano de 2010, sobre a fundação da rede social Facebook® e seus desdobramentos.

O amor é a maior, mais exuberante, mais importante, mais intensa e infinita forma de energia construtora. Onde não há amor, existe o deserto.

Sabendo disto, você já tem o suficiente para o raciocínio quântico necessário para criar seu próprio "script"; eis um "básico" para ajuda-lo:

1. Sinta as emoções daquilo que você tem como objetivo em sua vida;

2. Crie e desenvolva uma estratégia para cada evento a ser tomado; O seu projeto não é mundial, é pessoal, você pode criar um "passo-a-passo", escrito à mão das atividades necessárias para atingir o objetivo em cada evento, até chegar ao episódio final.

3. De posse de uma relativa série "instruções" escritas por você, as use como ações que devem ser tomadas, como devem ser seguidas, testando e corrigindo na caminhada.

4. Detalhe um argumento a ponto de deixa-lo intensamente emocional, conectado com seu objetivo e as frequências que o vão alimentar. Você está criando uma forma pensamento, precisa conectar com as pessoas que estão na mesma frequência. Use um sistema audiovisual e não deixe nada de fora: - jornais, revistas. Recortar as imagens e as noticias que se assemelham ao seu objetivo, tem sido uma prática já há muitos anos por aqueles que buscam atrair seus desejos. Recorte, e guarde-os. E visite-os com regularidade.

5. Você vai "sentir" em tempos relativos para cada pessoa (para uns mais, para outros menos tempo), que parte da sua mente está "automatizada", no "script" gerado por você.

6. Alimente a frequência da sua forma/onda pensamento colocando mais e mais intensamente energia na atmosfera e enviando para o Universo local e Externo. Sua forma pensamento vai "engordar" buscando alimento em outras mentes. Vocês vão se unir e trocar experiências transcendentais pelo entrelaçamento quântico.

7. Esta "intensidade" vai dar o "start" mental inicial abrindo os canais da mesma frequência. Atue no Universo local. Vá onde tiver que ir para resolver sua questão, sua obrigação para cada evento se resolver.

Em resumo:

Não esqueça que você precisa "enganar" seu inconsciente, dizendo que aquilo que você pretende é para seu bem, para o seu crescimento e desenvolvimento. Mas esteja certo disto, por que você estará "forçando" a sua mente a "abrir mão" da sobrevivência em você.

Agora você sabe que quase tudo que acontece no mundo não é da forma como você, vê, ouve ou lê. Não esqueça que os criadores de realidade são seres humanos que estão à mercê do inconsciente deles também, e de certa forma agindo para se protegerem. Sendo o inconsciente quem toma a maioria das nossas decisões no conjunto dos processos mentais que se desenvolvem sem intervenção da consciência, imagine você uma massa energética de bilhões de seres humanos depositadas sobre nossas cabeças, entrelaçadas quanticamente, recebendo e retransmitindo e ficando maiores a cada instante as frequências de "discórdia, intolerância, discriminação, guerra, fanatismo, repugnância, ódio, vingança, etc.." Você vai querer a guerra, a vingança, para quem e com quem o sistema quiser.

Os malefícios e os benefícios das formas frequência/pensamento

Nossos intentos, aspirações e pretensões são colocados no SALTO QUÂNTICO e enviados a QUALQUER LUGAR não importando a distância.

Com base neste conhecimento, podemos criar uma matriz saudável na origem e transporta-la a qualquer extensão do espaço que "separa" dois ou mais indivíduos. Podemos, ao invés de criar uma, transportar a nossa própria matriz saudável e imprimi-la no destino para quem precisar (e se solicitar, pois o receptor precisa participar desta técnica), tomando por base o nosso próprio corpo saudável e enviando uma matriz ao indivíduo enfermo. Uma pessoa está doente do estômago, nós podemos criar uma matriz quântica de um estomago saudável e enviar ao destinatário. Esta frequência entrelaçada enviada a distancia tende a reestruturar toda a malha atômica do individuo adoentado.

Isto já foi reproduzido incontáveis vezes em laboratório.

Nosso corpo como emissor, e adequadamente energizado produz a energia e a envia para si mesmo ou para qualquer lugar onde estiver qualquer ser.

Tudo é energia e nós os seres humanos, trocamos (recebemos e doamos) determinadas quantidades energéticas sem NOSSA PARTICIPAÇÃO o tempo todo durante 24 horas por dia, 7 dias por semana, 30 dias por mês, 365 dias por ano durante toda nossa vida com todas as pessoas com as quais nos relacionamos.

Quando você aperta a mão de um desconhecido, você imprime alguma carga energética na outra pessoa e ela em você. Entrou em um local e não se sentiu bem com alguém que nunca viu em sua vida, é uma troca de energia que você ainda desconhece nesta existência.

Estas trocas energéticas se acumulam, crescem, e tomam forma.

Imagine bilhões de seres humanos criando suas formas pensamento e não as alimentando por que cansam ou por que foram completamente absorvidas ou se esgotaram. Estas formas pensamento energéticas enquanto puderem irão à busca de mais energia, e em determinado momento, por atração, ela poderá encontrar você alimentando uma mesma forma/frequência pensamento e mais milhões de outros com a mesma finalidade e então se reúnem.

Quando não somos nós quem criou os eventos energéticos em nossas vidas para atingirmos os objetivos necessários, então nos podemos sintonizar com frequências espúrias, ou seja, frequências que não tiveram origem em nós, mas diz respeito ao nosso inconsciente buscando "apoio" para nos impedir, por que ele "acredita" que não iremos "sobreviver". Conectados a frequências desta natureza, vem o cansaço, a confusão mental, o desanimo, os embates, as brigas entre pessoas, entre nações, as guerras até a total falta de energia.

Isto impede de estudar os contextos das nossas vidas e relacionar aos eventos que precisamos para ser o que realmente queremos ser. Ficamos sem perfeição para compreender o mundo que nos cerca e dele tirarmos a energia correta. Começamos a perder a noção por que a consciência começa a perder terreno.

Como vimos esta troca energética sem nosso controle traz consigo as energias espúrias ou ilegítimas ou ainda não naturais. Não naturais por que criam formas pensamentos que acabam por tornar nossas vidas mais difíceis e complexas. Não são nossas; Difíceis por que são elementos energéticos fora do nosso controle que vão dar origem a atos e atitudes descontroladas por que são de procedências essencialmente emotivas e negativas.

Sem controle, acabam por criar em nós, pessoas que não somos. A hipocrisia, a falsa devoção são sentimentos/frequências energéticas que dão origem a outras formas pensamentos que acabam por dominar o inconsciente coletivo e transtornar a humanidade. Criamos uma energia "sobre humana" que não está nem no meu nem no seu controle que apesar de estar fora do nosso alcance, mas ainda assim nos atinge.

- CAPITULO 5 –

Por que somos inseguros para mudar?
Podemos atuar e modificar nossa própria vida, mas a incerteza quântica nos acompanha.

Não há como suprimir os processos autônomos do inconsciente (ou subconsciente), assim como não há como extinguir os procedimentos independentes do nosso corpo; não há como intervir na fisiologia, decidir como serão as ações fisiológicas celulares, o batimento cardíaco, a digestão, respiração, excreção, etc. Não podemos intervir. Mas, podemos elevar o nosso grau de domínio da mente ativa, o consciente, dando a ele de inicio mais tempo para se adaptar em tomar decisões e aos poucos ir erguendo sua capacidade. Vimos nos capítulos anteriores que isto é sim, possível.

Raciocínio Quântico 5 - Heisenberg

Princípio da Incerteza

"No domínio do quantum[13] não se pode ter uma objetividade completa...". A nível subatômico não podemos afirmar que exista matéria em lugares definidos do espaço, mas que existem 'tendências a existir', e os eventos têm 'tendências a ocorrer'.

A Física, através de Heisenberg nos mostra que existem tendências dispostas de tal forma que estão prontas para entrar em ação.

As teorias também são complementares, e ao serem unidas e entendidas, é que nos fornecerão o *poder para modificar* – O domínio da física quântica básica. (COMPLEMENTARIDADE + INCERTEZA do ESTADO)

---

[13] Termo genérico que significa quantidade elementar, como se infere da etimologia da palavra, uma quantidade, unitária, de algo de natureza qualquer, abstrata ou concreta. *Wikipédia*

Uma pequena contradição a Niels Bohr, na *Teoria da Complementaridade* mostra que para modificar alguma coisa antes que ela aconteça, é necessária que saibamos onde ela está.

Você sabe onde está o que você quer? Se você não sabe, por que acha que o Universo precisa saber?

Futebol é Quântico- Heisenberg para goleiros.

Para saber onde se encontra o que você quer ou precisa, necessitamos determinar sua posição: - é o mesmo quando um goleiro vai buscar a bola em voo e em direção ao gol: - ele deve saber onde ela se encontra, isto é, saber sua velocidade e posição. *Os bons goleiros fazem isto ficar melhor a cada exercício. Por isto, o treino. A prática traz experiência, o hábito faz o monge...*

No entanto o princípio diz que não existe meio de medir com precisão as propriedades mais elementares do comportamento das tais partículas, ou de então de um objeto (bola) composto por "zilhões" de partículas, e para alterar o curso dos acontecimentos, você precisaria então, atuar mais precisamente medindo uma das propriedades destas partículas, na bola.

No caso do goleiro, é o movimento da bola: - ele (ou o cérebro) não calcula precisamente a velocidade por que não pode; o cérebro procura saber a posição da mesma, acompanhando-a, menos precisamente, mas então sim, poderá conhecer outra: - a velocidade da bola (rápida, lenta, média, em acordo com as experiências do profissional).

Mais certeza de uma, mais incerteza de outra (velocidade x posição), por que na medida em que muda a velocidade, muda a posição. Imagine tudo o que está lendo, vendo uma bola percorrer o espaço entre o meio-campo e a área do goleiro. E por esta "incerteza quântica", felizmente os gols ocorrem.

Quanto mais precisamente o goleiro desejar localizar o que precisa ser modificado, (sua posição para ir de encontro à bola), mais terá que alterar sua velocidade pessoal (e, portanto, sua quantidade de movimento), adicionando mais energia à sua corrida. $\neq$ POSIÇÃO e $>$ VELOCIDADE $>$ ENERGIA (diferente posição, mais velocidade, mais energia do goleiro).

No caso de partículas, os aspectos essenciais delas (posição, velocidade, quantidade de movimento, energia) nunca podem ser imediatamente observados com precisão: - o próprio ato da observação, inevitável e irremediavelmente, distorce pelo menos uma dessas características.

Nosso cérebro quântico se encarrega de efetuar todos estes "cálculos" dando a informação necessária para colocarmos nosso corpo (neste exemplo o do goleiro...) em movimento adequado ou correto, a fim de atingir o objetivo, OU CHEGAR MAIS PRÓXIMO DELE (a cada novo evento), que é o de "pegar" a bola.

O nosso goleiro: - se ele ficar parado, esperando a bola chegar, ele não altera o tempo de voo previsto na quantidade de energia colocada na bola pelo chute do adversário, pois permitirá que ela percorra todo o seu trajeto até cair, se ele, o goleiro, ficar inerte. No entanto, se ele interferir, e alcança-la, ele altera o tempo de voo e a energia da bola, chegando mais próximo do seu objetivo que é evitar o gol (ou pegar a bola, tanto faz).

Quando ele corre ao encontro dela, então ele transforma duas coisas em dois lugares: - a posição e energia da bola e a sua própria posição e energia como goleiro - quanto mais próximo do inicio da trajetória ele "pegar" a bola, mais energia ela, a bola, terá e menos tempo ela, a bola, terá percorrido. Ele, o goleiro, terá dispendido mais tempo e mais energia correndo ao encontro do ponto zero do chute inicial. Correto?

Quando a "bola" vem, você fica parado olhando? No ponto "zero" a sua "bola" (que é seu objetivo) tem mais energia e menos velocidade. No ponto final, ela tem menos energia e velocidade constante e você precisará ter feito muitos cálculos estatísticos ou de probabilidade para poder "pegar" sua bola. Você é quem deve decidir se vai ao ponto "zero". No caso do goleiro, não, ele não pode sair, por que corre o risco de ser "driblado" no meio de campo, e sofrer um gol. Goleiros geralmente tem menos pique que um jogador de linha. Ambos têm treinamentos diferentes, por que são posições distintas.

O que o cérebro do goleiro assim como nós, podemos fazer com relação às modificações que precisamos programar em nossas vidas? Em verdade são as medições e predições prováveis ou estatísticas dos nossos desejos *complementando energia e tempo*.

O goleiro não pode simplesmente olhar para a bola apontar e dizer: "A bola está lá, agora, e é para cá que ela está vindo."

O princípio da complementaridade de Bohr pode ser aplicado em nossas vidas (e na defesa que o nosso goleiro está tentando fazer) da seguinte forma:

1. *Tudo o que existe pode tomar mais de um sentido; nosso cérebro faz isto quando você pensa em executar algo, várias formas para fazer podem ficar disponíveis;*

2. *Pode ter uma natureza composta de duas partes: a matéria, que pode ser aplicada como mente e a energia, que pode ser entendida como espírito;*

3. *Ambas podem ser modificadas, conforme o nosso desejo em acordo com nossas experiências externas e necessidades pessoais. Competência dada pelo treino.*

O Princípio da Incerteza de Heisenberg pode ser tratado em nossas vidas desta maneira:

1. *Para modificar alguma coisa antes que ela aconteça, é necessária que saibamos onde ela está; determinar sua posição;* Onde está sua bola? Já vai ser chutada? Você tem energia e tempo suficiente para correr atrás do chute do adversário?

2. *O ato de observar para encontrar a posição, e modificar as situações, inevitável e irremediavelmente, distorce algumas das características das propriedades dos elementos que desejamos modificar em nossa vida;* Se corrermos ou se ficarmos parado o evento vai acontecer de qualquer forma, mas podemos mudar a energia e o tempo de um e de outro. Aprender a interferir nos eventos é "magia" e conhecimento. É o tempo de treino que melhora isto.

3. *O princípio diz que não existe meio de medir com precisão as propriedades mais elementares do comportamento das "coisas"; uma delas é a posição;* Assim precisamos estar atentos aos vários locais onde o seu desejo pode ser aplicado, ou "cair" ou de onde ele poderá vir (quem vai dar o chute na bola que você pretende defender e toma-la para você...).

4. *Para alterar o curso dos acontecimentos, precisaríamos atuar precisamente medindo as propriedades do que desejamos modificar;* O que você quer modificar é algo movido por um desejo. Mas ele pode ser modificado neste momento? Ele deve ser modificado? Então estude seu desejo ANTES de torna-lo realidade. Quando ele for "chutado", e você tiver experiência suficiente, sua mente e sua alma vão fazer todos os "cálculos" para deixa-lo mais próximo do seu objetivo.

Como um goleiro, então, na maioria das vezes ele "segura" a bola impedindo que entre no gol?

Quando Heisenberg ficou insatisfeito com a teoria de Bohr, ele explicou nada mais nada menos, que ninguém faz nada sozinho.

Há inclusive um estudo que diz que "pessoas bem-sucedidas não dizem por exemplo: "Eu fiz tudo sozinho"

Para que possamos determinar a posição, e ao mesmo tempo a velocidade da partícula, basta que existam pelo menos **dois observadores! Um para cada propriedade da partícula!**

Quando o goleiro na maioria das vezes "pega" a bola, é por que ele não fez isto completamente sozinho. Os outros jogadores o auxiliam, ou informando a posição, ou se posicionando dentro de campo, ou enfim, fazendo inúmeras outras sequencias relacionadas ao próprio jogo que trazem importantes informações ao goleiro para determinar a cada evento em cada instante, a melhor possibilidade de pegar a bola.

As posições dos jogadores de defesa auxiliam o goleiro no ato de observar e diminuem ao máximo a interferência das propriedades da bola em voo.

Então, o goleiro pode concentrar-se em uma das características da partícula, no caso a bola e sua defesa, nas outras propriedades do evento total.

Seu grupo já sabe que tudo o que existe pode tomar mais de um sentido, e estando cada um focado na sua posição, saberão que é admissível alterar, conforme o seu desejo e a necessidade da sua atividade.

Isto tudo, obviamente em acordo com as experiências externas e necessidades pessoais, principalmente agora, que você já sabe que realmente é mais possível com seu grupo família.

O domínio da física quântica básica atinge maiores objetivos quanto maior for a quantidade de cérebros e almas cuidando dos eventos que podem ocorrer num processo de desejo de todos.

Por isto, o futebol tem um time com 12 atletas, e muitos outros profissionais. Quando um deles faz gol, 12 vibram, mas todos vencem.

É em grupo que os objetivos de desempenhar em benefício comum a atividade de marcar "gols" na vida se estabelecem e crescem.

As coisas acontecem quando você une as pessoas interessadas nas mesmas modificações.

Iguais que se atraem.

Quem precisa aprende com a prudência e então quando se revela o entendimento, elas crescem na ciência daquilo que aprenderam.

O desprezo que você receber de alguns será eliminado pela sua capacidade de unir e crescer.

O desenvolvimento do raciocínio quântico em um desejo é quando cada uma das partes de um todo que formam seu alvo, se complementam. Uma família deve se complementar, ajudando a cada membro com as "sequencias relacionadas ao próprio jogo" que cada um dos membros dela estiver fazendo para tentar chegar ao seu objetivo.

Unem-se para modificar alguma coisa antes que ela aconteça, sabendo que cada um dos integrantes do seu grupo, ficará atento para cada uma das particularidades dos episódios, auxiliando o goleiro e o treinador que é você e mais alguém.

Ninguém é, ou deveria ser sozinho, simplesmente por que não conseguirá prever todos os eventos até a conquista do seu objetivo. Uma pessoa sozinha, não vence. E nunca foi tão importante o ditado, "todos puxando a corda para o mesmo lado". Isto também é uma família quântica.

Quem poderá aprender o cântico do conhecimento, senão os que se aplicarem?

Niels Bohr elaborou o princípio da complementaridade, onde os eventos em nossas vidas, mesmo antagônicos podem ser desejados (esperados) por nós. Exemplo: Você diz: "- Eu não quero isto"; é incompreensível. Você precisa dizer: "-Eu quero isto", então todas as "partículas" começam a se organizar para atender a sua demanda. Não diga então, "Eu não quero ser infeliz", diga "Eu quero felicidade".

Apesar de Heisenberg proclamar o Princípio da Incerteza, ou seja, você não sabe quando ou como algum evento irá ocorrer você antecipa seu desejo pela complementaridade de Bohr, já que algo pode ter mais de uma forma de ser, escolha a melhor para sua vida e aguarde que a incerteza NÃO será o resultado da espera.

- CAPITULO 6 –

A experiência incrível, real

Comprovou a teoria da complementaridade de Heisenberg,
Bohr e a conexão entre muitas pessoas.

Vamos falar de algo que ocorreu em 1993, portanto há mais de vinte anos no passado. Pessoas nos Estados Unidos trabalhavam o pensamento quântico, em Washington D.C. (capital dos Estados Unidos).

Nesta época Washington era reconhecida como "a capital do mundo em assassinatos", então decidiram aplicar um grande experimento no verão de 1993.

Quatro mil voluntários vieram de 100 países para uma meditação coletiva durante longos períodos do dia.

Segundo o FBI, isso faria com que os crimes violentos caíssem em 25% naquele verão em Washington.

O chefe de polícia foi à televisão dizer que o crime só diminuiria em 25% se "nevasse no verão".

No final a polícia se tornou colaboradora e autor desse estudo, pois o resultado foi de fato uma queda de 25% nos crimes em Washington.

Isto poderia ser previsto com base em 48 estudos anteriores que já haviam sido feitos em menor escala.

É algo que comprova que nós podemos afetar a realidade. Formas frequência pensamento!

É preciso crer firmemente que podemos sim afetar a realidade e a mudança será mais rápida e consistente se a família ou um grupo interessado na mudança de todos (ou de cada um individualmente ou paulatinamente (aos poucos, com certa progressão de tempo)), se unam para meditar a respeito da criação de uma nova realidade, desejada, esperada.

Nas meditações para mudança da realidade, a família, ou o grupo precisa estar ciente que o destino dos seus objetivos é o <u>de</u>

atribuir um propósito específico, para seus intentos de mudança, indicando como e de qual forma deseja sua nova realidade, e deixar transparecer, exteriorizando todos os sentimentos relacionados ao seu desejo. Estas "manifestações" é que dará origem às frequências homônimas, que unidas às outras tantas, mostrarão ao Universo o nosso real desejo.

Quando não estamos conseguimos afetar a nossa realidade de forma consistente é porque não estamos acreditando que podemos. O maior impedimento para transmutar nossa realidade, que atravanca, são principalmente a falta de amor, amor próprio, sobretudo vindo da autoestima proporcionado pelo grupo família e pela sociedade em que vive.

Recentes pesquisas mostram que os viciados de rua são pessoas isoladas, sozinhas, com apenas uma fonte de consolo a quem recorrer, neste caso sempre às drogas, por isto se drogam cada vez mais, até a morte. O paciente atendido e sustentado por uma medicina adequada, em casa, rodeado pela família e pelos membros sociais é uma vida onde tal dependente está rodeado pelas pessoas que ama e que lhe amam. A droga é pode ser a mesma, mas o ambiente é diferente, então ele condições superiores de mudar sua realidade, por que há amor.[14]

Amor e ambiente com amor são as melhores expectativas para a mudança.

Mas a vida se encarrega de fazer isto o tempo todo, não havendo nenhuma intervenção.

Assim, muitas vezes as pessoas "escrevem" seus desejos, mas depois a apagam, pois acham que é tolice. "Não consigo fazer isso". E esta atitude nada mais é do que uma extensão da nossa imagem.

Nos pensamentos antigos, não podíamos mudar nada, pois não tínhamos papel na realidade.

Nesta nova forma de pensar, percebemos que a ciência nos mostra muitas outras possibilidades de tudo que nos cerca, inclusive dos eventos que ocorrem no Planeta. Precisamos estar atentos a todas as fontes de informação quando queremos saber de algo, pois a

[14] Fonte: http://www.huffingtonpost.com/johann-hari/the-real-cause-of-addicti_b_6506936.html (ou http://adf.ly/116Bxk url encurtada)

manipulação é muito utilizada, como já vimos, com propósitos específicos.

Depende de cada interpretação individual as "reações" dos "objetos" que compõem a realidade, e a "forma" como poderão ter. Mas, quando aplicamos nossa experiência pessoal, ela será real e ficaremos com ela gravadas na consciência. Entenda por "objetos", pessoas, situações, prédios, carros, rios, lagos, praças, o meio-ambiente enfim; qualquer coisa que esteja naquele momento de realidade. Entenda como "forma" a interpretação que você vai dar ao conjunto de tais "objetos" e entenda "experiência" como sendo a escolha entre uma e outra: - aquela que lhe vendem e você absorve sem questionar, e a sua, de experiência pessoal, percebendo que toda a informação é escrita em um "papel universal", pelos "homens". E como papel aceita qualquer coisa, você precisa saber diferenciar e qualificar as mensagens que recebe deste meio-ambiente.

Eu que escolho tal experiência: - Desta ou daquela forma eu crio minha própria realidade e minha mente, e depois a levo para fora quando externo meus sentimentos.

Você já tem condições de saber pelo menos que a física quântica demonstra que as possibilidades são inúmeras, e quanto mais "objetos" em diferentes "formas", estiverem constituindo uma realidade, ela se apresentará dessemelhante para cada observador, pois a interpretação é pessoal. Então muitas coisas "parecidas" serão escritas no "papel" de "informações para todo mundo". Então se você não adquiriu senso critico de qualidade, passa de imediato a acreditar na forma frequência pensamento que foi escrita e vendida para todos, então podemos dizer, que existem literalmente diferentes mundos onde vivemos da mesma forma que no mundo microscópico que não vemos: - o mundo das nossas células, o mundo dos nossos átomos... Eles possuem sua própria linguagem, sua própria matemática e consciência e isto vai se aperfeiçoando e melhor se organizando na medida em que a estrutura biológica aumenta de tamanho, pois ela precisa acrescer em qualidade também, caso contrário, não sobreviverá. Realidades mais intricadas são para organismos mentais e biológicos mais complexos, mais dotados, mais preparados.

Ainda que haja o todo, ele é constituído por "pequenos" e ainda que cada um seja totalmente diferente, eles se complementam, pois nós somos nossos átomos, mas também somos a estrutura total de todas as nossas células, que são estruturas complexas de átomos.

A nossa fisiologia microscópica é verdadeira, só que em diferentes níveis. O nível de verdade mais profundo, descoberto pela ciência e filosofia, é a verdade fundamental da unidade.

O mundo tem várias formas de realidade em potencial, até você escolher a que quer. Pode-se estar em muitos planos mentais ao mesmo tempo, experimentando várias possibilidades, até elas convergirem para apenas uma: - Aquela das nossas necessidades.

A fé é acreditar que você pode, e não que os outros podem por você.

- CAPITULO 7 –

Alguns segredos ao dominar a física quântica básica.

Uma realidade em vários atos por detrás do véu.

Quando você quer alguma coisa, e esta coisa tem um propósito universal, todo o Universo conspira para que você realize o seu desejo. Se não for com você, será com outro alguém.

A história de Cecil Gaines

A história que vou lhes contar agora, também é real, e servirá de modelo; em verdade dois exemplos: - um para demonstrar que a nossa realidade e a de todas as outras pessoas neste Planeta, e todas suas atividades, tem várias possibilidades de ser, de estar, e, portanto de interpretá-la. E ainda varia em acordo com o observador em relação ao observado. O maior mistério do domínio da física quântica básica para o pensamento quântico é saber que a realidade tem inúmeras possibilidades de ser, portanto.

A outra é: - Quando escrevo meus livros, ou algum texto em meu blog, coisas incríveis acontecem. A mais extraordinária, para mim, mas não mais importante que todas as outras "coisas" que "ocorrem" no "meu" meio-ambiente são aquelas que especialistas chamam de **sincronismo** do Universo. De certa forma, tudo se encaixa, e o livro vai tomando forma em acordo com a minha vida diária, meu conhecimento e minhas expectativas em relação a tudo isto; e por conta desta "sincronia" começam a aparecer literalmente muita coisa relacionada ao que eu estou escrevendo. Por isto eu não tenho hoje dúvidas, em face de minha experiência pessoal, como falamos também no capítulo anterior, que determinadas frequências estão abertas em mim e fluindo para o Universo externo, e me conectando através da minha sintonia momentânea, com formas frequência pensamento de mesmo pulso.

Por esta razão é que assistindo outro dia despretensiosamente um filme, acabei por ver todo ele.

Alias "estar" sem pretensão alguma em relação a determinado desejo (neste caso específico que foi o de escrever este livro), é uma das maneiras de não perturbar a frequência que nos conecta a outras para ampliar a capacidade de criarmos eventos relacionados à consecução dos nossos objetivos.

Quando ficamos "ansiosos", perturbamos as ondas eletromagnéticas positivas (para nós) que emitimos na tentativa de modificar os eventos que necessitam ser transformados em nossas vidas, criando frequências "espúrias", aquelas que não foram originadas exclusivamente pela nossa intenção ou desejo, mas que por conta da aflição, se criam como onda ou frequência e pegam literalmente "carona" em nossa sintonia. Isto causa o que se chama de "ruído".

Para você ter uma ideia melhor do que se trata "ruído", estes podem ser sonoros e podem ser em uma imagem também. Um exemplo de imagem com "ruído" se forma, por exemplo, quando tiramos fotos em locais com pouca iluminação e a foto que surge, vem com infinitos pontos como se fosse uma fina camada de areia. Aquilo é o ruído e está ali por que a "luz" é pouca, e alguns pontos não puderam ser captados. Quando a "luz" não é muita... O ruído sempre aparece. Tome isto como princípio que serve para vários acontecimentos em nossas vidas.

Uma forma frequência pensamento com muito ruído, é calamitosa para nosso raciocínio quântico, e nossa **reconexão**. Não se torna impossível, mas mais difícil e demorada.

Quando "forçamos a barra" em nossos desejos, muitos "ruídos" se sobrepõem como se também faltasse luz e inúmeros pontos "frequenciais" acompanhassem nossa emissão.

Ligue um rádio, uma emissora distante, e você vai entender o que é uma emissora que você até ouve, mas possui muito "ruído", causado pela estática de outras frequências que pegam "carona" na sintonia.

Então, o "negócio" é deixar fluir, no tempo certo da gestação, tudo se resolve.

Quanto mais perto você estiver do seu anseio, desejo ou vontade em conquistar algo, entende pela física. Será mais fácil atingir seu objetivo, por que a quantidade de ruído será menor. A sua frequência será ouvida mais claramente, mais forte e com menor quantidade de "estática". Mas e se meu objetivo for grande e me parecer distante? Divida-o em partes. Assim cada parte será um ponto a ser atingido, e mais perto do emissor (que é você) estará. Quando conquistar este ponto, passe ao próximo. Desta forma, entendendo a física, você sempre estará a uma boa distância para emitir sua frequência, com o menor ruído possível.

O que fazemos quando não dividimos em parte? Começamos a "fazer força" como numa emissora de rádio que começa a colocar antenas e amplificadores de sinal. Nelas, o sinal se torna mais potente e com menos ruído, chegando mais facilmente ao receptor. Mas se você não conseguir uma boa "antena" e um bom "amplificador de sinal", e começar a fazer força, foi como já disse, seu "sinal" ficará lotado de ruído e a sua frequência não irá se conectar com outras iguais, simplesmente por que não será captada.

A incrível e real historia do filme fala da vida de um mordomo na casa branca, e sua família. Em inglês, o nome é *The Butler* ou O Mordomo da Casa Branca (título no Brasil). O filme conta um episódio histórico dos Estados Unidos, baseado na real vida de *Eugene Allen*, estrelado pelo estupendo ator Forest Whitaker no papel de Cecil Gaines, um afro-americano que testemunharia eventos notáveis do século 20, durante o seu mandato de 34 anos servindo como mordomo da Casa Branca.

Cecil vive sua história como mordomo, iniciando sua carreira com o Presidente, Dwight D. Eisenhower (Robin Williams), passando por vários Presidentes e de todos eles recebendo um enorme apoio, desvelo e principalmente, respeito. Sua aposentadoria culmina com o Presidente Ronald Reagan, mas ele teria chegado a conhecer o Presidente Barack Obama.

Há vários conflitos na historia, mas a que vem ao caso em nosso livro, demonstra a necessidade de pararmos e observamos com mais prudência, paciência e amor, pelo menos, tudo o que estamos vendo. É isto que a física quântica nos mostra e nos diz: - as inúmeras possibilidades.

Foi uma época difícil para o negro americano, que não possuía direitos civis como os brancos. Naquela época "negros" não podiam, por exemplo, frequentar locais para "brancos", e inúmeras outras atrocidades que foram impostas naquele período e que infelizmente não foi característica exclusiva dos Estados Unidos, ainda que na era moderna da humanidade, mas em vários locais do mundo, não também exclusivamente para negros, mas para membros da espécie humana, de várias raças. A intolerância e a ignorância tomaram o lugar da sabedoria.

Cecil, que tinha dois filhos com sua mulher interpretada por Oprah Winfrey como Gloria Gaines, perdeu o mais novo na guerra do Vietnam. O filho mais velho se tornou um ativista pela causa do negro americano, estando envolvido em inúmeras manifestações, teria sido preso muitas vezes por estar no movimento do Partido dos Panteras Negras (Black Panther Party ou BPP), originalmente denominado Partido Pantera Negra para autodefesa (em inglês, Black Panther Party for Self-Defense) uma organização política extraparlamentar socialista revolucionária norte-americana ligada ao nacionalismo negro e ativa até 1982. O pai Cecil nunca concordou com as atitudes do filho e este nunca aceitou seu pai como "doméstico" empregado de "brancos" servindo na Casa Branca. Apesar de amar seus filhos, sua personalidade o levou a expulsar este mais velho e ativista de casa, já que Cecil não o aceitava como ativista, pois corria o risco de arruinar a vida, além da recente perda do filho mais novo, Charlie Gaines (interpretado por Elijah Kelley), e também pelo filho não aceita-lo como "mordomo".

No entanto, um dia, reunido com seu mentor Martin Luther King Jr. (interpretado por Nelsan Ellis), Louis Gaines o filho mais velho de Cecil e Gloria (interpretado por David Oyelowo), conversando tiveram o seguinte diálogo:

...

(Dr. King)

— *O que seu pai faz?*

(Louis Gaines)

— *Ele é mordomo.*

(Dr. King)

— *O negro doméstico desempenha um papel importante em nossa história.*

(Louis Gaines)

— *Eu não lhe disse para tirar sarro de mim.*

(Dr. King)

— *Irmão: - o negro doméstico desafia estereótipos raciais por ser trabalhador e confiável. Ele lentamente rompe o ódio racial com seu exemplo de forte ética de trabalho e caráter digno. Enquanto consideramos o mordomo ou a empregada como sendo subservientes, em muitos aspectos, eles são subversivos, sem mesmo saberem.*

Você percebeu a outra realidade do mesmo evento escondida por detrás do véu neste pequeno dialogo entre seu mestre e o discípulo? Que portas se abriram com a chave que o mestre passou ao seu discípulo?

Não é muito grande a chave que pode nos iluminar e nem está escondida. Basta avaliarmos todo o contexto das possibilidades de todos os eventos. E isto é rápido.

De fato Cecil durante todo seu tempo na Casa Branca (a sede do Governo Americano), colaborou até mesmo sem saber com a causa do negro americano em busca dos seus reais e devidos direitos como cidadão, não somente americano, mas do mundo. Cecil por várias vezes ouviu, escutou e ponderou dentro da sua sapiência, com todos os Presidentes que serviu, e a sua maneira subverteu a ordem das coisas para o lado positivo da causa dos negros americanos, enquanto que o filho ainda que colocasse em risco a própria vida, o fazia nas ruas. Cecil, por exemplo, teria conseguido, após 20 anos tentando com o administrador da Casa Branca, que os salários dos negros que lá trabalhavam fossem equiparados aos dos brancos além de começarem a ser promovidos em suas funções. Muitos dispositivos legais foram aprovados pelo Senado americano com base em conversa entre Cecil e os Presidentes que serviu. Os dois, pai e filho, eram iguais, e ativistas! Mas ambos tinham suas diferenças: - um vergonha do outro e o pai indignado e triste por que seu filho não seguia as suas regras. Por fim Cecil pede aposentadoria, o filho reconhece "que é o que é" (formou-se e cursou Doutorado, chegando ao Senado americano), por causa do pai. Cecil procura seu filho, ambos se aliam e passam com Cecil já velho, como ativista de rua, obviamente num tempo não tão conturbado, mas ainda requerendo uma propaganda ativa a serviço da conquista definitiva do negro com todos os direitos de cidadão americano.

Não fossem a visão de Louis Gaines ter sido aberta para outra realidade possível pelo raciocínio quântico do Dr. Martin Luther King Jr. talvez ambos jamais tivessem se encontrado, e terminado com suas diferenças por uma causa maior.

Muitas pessoas, principalmente os lideres, os reformistas, os tecnólogos, os inventores, os criadores e tantos "modificadores da humanidade" já nascem com o raciocínio quântico embutido em sua existência. Cecil tinha o dele, Dr. King, Louis, enfim, todos nós possuímos em maior ou menor escala em acordo com a necessidade do momento e para aquilo que nos propomos.

E isto pode ser usado para nos Re-conectarmos a Deus.

Mas não podemos esquecer que o nosso inconsciente, aquele que quer nos proteger, estará sempre ao alcance tentando "acobertar" até o que não representa perigo para você, para mim, para todos nós, impedindo a desafios, ainda que maiores, mas pensados e calculados.

Obrigado Eugene Allen (Cecil), por sua missão de vida.

Então, a resposta para uma pergunta se podemos "mudar" nossa realidade poderia ser, quanticamente falando a seguinte: - Depende.

Se você puder ver mais de uma possibilidade e analisar uma a uma possivelmente você adentra a um plano Superior, então a resposta é sim, você mudará seu entendimento e sua inteligência intuitiva o levará adiante. Mas se você se acomodar com seu "inconsciente", a resposta é única: - Não, você não mudará nada já que *quando você quer alguma coisa, todo o Universo conspira para que você realize o seu desejo,* se você tem desejo, mas não faz nada, nada o Universo fará também.

O que pensa nosso cérebro sobre Universo?

A ideia que o nosso cérebro faz da palavra UNIVERSO, é a de estrelas, Planetas, Constelações, enfim, toda a imagem, basicamente escura, com muitos pontos, e distante.

A ideia final que temos resulta em: - Peça e lá daquela parte externa, além da atmosfera, escura e cheia de pontos luminosos, ou seja, bem distante, o seu pedido será atendido.

O que há lá fora, adiante da atmosfera, é parte do que vai resolver seu desejo aqui?

Vamos mudar aquela frase? Trocamos a palavra "Universo" pela frase "Todas as pessoas envolvidas", ficando então:

-*Quando você quer alguma coisa, e esta coisa tem um propósito para* "**todas as pessoas envolvidas**", "**todas as pessoas envolvidas**" *conspirarão para que você realize o seu desejo. Se não for com você, como é tão bom e necessário, e todas gostaram, será com outro alguém.*

Ficou bem melhor para entender, não?

Considerando que a palavra "conspirar" quer dizer tramar uma conspiração, ou nela tomar parte, concorrer, e contribuir para certo fim (o seu desejo), ou ser o empecilho, estorvo, obstáculo, que impeça o desejo de outra pessoa, ou seja, não quer dizer que haverá aprovação de todas.

Aqui o raciocínio quântico para este evento, começa a tomar forma:

- *Quando você quer alguma coisa, todas as pessoas envolvidas tomam parte e contribuem para que você realize o seu desejo.* Ou não. Exato. Muitas poderão não acompanhar.

Criamos nossa realidade aqui dentro na mente, já vimos isto. Mas quando vamos trazê-las para fora, e depositar em nosso meio ambiente, que é um dos Universos, bem, neste caso precisamos de todos. Não acredita? Você pode ir para uma ilha, deserta e tentar realizar sua realidade... Sozinho...

Então significa dizer que... O Universo que tanto esperamos algo... Não é aquele que está nas estrelas... Planetas... Constelações... São as pessoas que estão entre você e seu desejo? Sim! Por que EXISTEM pessoas que estão entre você e seu objetivo.

Existem "pessoas" muitas entre você e tudo o que você lê, ouve, vê, enfim, absorve do meio em que vive. Se não tiver em mente a física das possibilidades, e trabalhar sua mente para avaliar todas elas você será o quê? Um bitolado? Sim, não é difícil ser um ser humano bitolado no mundo atual. Não que o conhecimento não esteja disponível.

O domínio da física quântica básica funciona, quando percebemos e descobrimos que não podemos estar sós em nossos desejos. Percebe?

Enfim, como são, onde estão e quem são, as tais possibilidades?

Nossas aspirações são interdependentes!

A FÍSICA DAS POSSIBILIDADES

- Para que minha vontade seja satisfeita: - ela NÃO SERÁ cumprida, a não ser que, TODOS os envolvidos, os "conspiradores", em algum momento, estejam TODOS em acordo com minhas intenções;
- Ou seja, a nossa vontade de possuir ou usufruir de algo, antes de chegar a mim ou em você, precisa passar por tantas pessoas quantas forem necessárias;
- Necessita transitar por todas aquelas que estão direta e indiretamente relacionadas com sua finalidade.

E quanto maior for o seu desejo...

- Maior será a quantidade de pessoas envolvidas,
- Maior será o UNIVERSO do seu desejo.

E o Universo é aí, bem do seu lado, também. E tem ainda as frequências espúrias, os ruídos, e tudo o que já vimos até agora.

Está vendo seu chefe? Seu colega de trabalho? Seu celular com alguém chamando? Tudo isto? Pois é... É o seu UNIVERSO.

Este é o UNIVERSO que se fala a longo tempo e onde o foco das nossas intenções, para que nossos desejos sejam atendidos, está ou esteve todo o tempo.

Estivemos o tempo todo olhando para cima (com os olhos ou mentalmente); quer dizer: - nós pedíamos aqui na Terra e olhávamos para o céu, esperando chegar.

Era uma flechada de cego: - miramos o alvo de um lado e disparamos a flecha para outro.

O domínio da física quântica básica é mostra-nos um universo muito maior.

Este é o principal, mas existem ainda alguns outros diferentes aspectos:

- Invariavelmente nossos desejos são dependentes das nossas crenças, ou seja, vamos desejar coisas que não iriam contra a nossa fé;
- Por exemplo, se você sob qualquer forma acredita que dinheiro é pecado, o efeito é que ele vai ir para aqueles que não creem nisto;
- É preciso escolher se você gosta do dinheiro ou das coisas que o dinheiro compra.

Considerando ainda que cada uma das pessoas que fazem parte na "rede" de "conspiradores" do seu desejo, é um ser humano igual a nós, eles possuem ainda, este princípio e outros princípios que poderão acelerar ou atrasar a chegada do seu desejo.

E eles também têm muitos anseios que estão depositados em seus universos locais, com outros "colaboradores". Em algum momento você pode cruzar: - você espera que seus "conspiradores" o aprovem, mas você mesmo e muitos da sua família podem ser "conspiradores" dos anseios daqueles que estão tratando do que você espera. Correto?

Está mais claro agora? Agora você precisa baixar a cabeça mental ou os olhos, que estão voltados para o infinito Universo, acima da sua cabeça e atmosfera, e focar naquelas pessoas que estão envolvidas com sua solicitação.

Universo quântico que podemos "domar" é aqui.

Somos nós, o UNO que decide por cada um de nós, quando desejamos algo!

O UNO é o UNIVERSO deste plano.

A física quântica nos dá a possibilidade de "estimular" nossos cinco sentidos, deixando passar pelos nossos "filtros" algo palpável, e não alguma coisa distante, intocável, invisível, imaginável que "estaria" trabalhando por nós, muito longe para poder compreender. Então passamos a acreditar veementemente, com mais força e energia.

Isto é a aplicação do Raciocínio Quântico quando dominamos a física quântica básica.

Um exemplo prático da Física das possibilidades

Você quer comprar um carro. Um veículo é o seu desejo. Valor de US$ 40 mil. Você vai à loja, senta o vendedor atende, você faz o cheque e leva. Qual o tamanho do seu Universo? Duas pessoas: - o vendedor e você.

Na segunda situação, você não tem os US$ 40 mil, mas tem um bom salário e vai tentar o seu desejo através de um financiamento. Qual o tamanho do seu Universo? Depende, podem ser 3, 4, 5 ou mais pessoas (conspiradores...). Por quê? Porque aqui você não tem a energia total para o evento, que é o dinheiro para comprar à vista, mas tem a energia POTENCIAL suficiente para ser o respaldo satisfatório para pagar um financiamento. Vai demorar um pouco mais, você "dividiu" a emissão da sua frequência em partes, o receptor vai receber seu sinal com mais claridade e menor ruído, mas vai ser atendido, pelo universo.

Uma terceira situação, apenas para encerrar, é: - você tem um bom salário, mas não goza de bom crédito. Ainda assim vai tentar um financiamento. O gerente examina e vê que de alguma forma você paga seus compromissos, então aquele Universo de 3, 4, ou 5 pessoas se amplia e passa para 10 pessoas, por que agora envolve a Concessionária e a Financeira de algum Banco.

Demora mais ainda. Ainda que dividida sua finalidade, a emissão da forma frequência pensamento vai "pular" de "antena" em "antena" (que são as pessoas "conspiradores" nos eventos do seu desejo), e poderá ter um pouco mais de "ruído". Como "chefe" da sua "estação", eventualmente precisará fazer um "lobby" até a última "antena", "conspirador" para levar sua "frequência" mais perto.

Então, o atendimento, para a "gestação" ao seu desejo, é dependente do tamanho de uma determinada dose de... amor pelo que você deseja e da quantidade de ENERGIA que você tem para conquistá-lo.

A energia que move este mundo é o dinheiro, os recursos financeiros, e então chegamos à fórmula final:

(1)

- quanto menor a quantidade de energia que você dispor, maior será a distância entre você e seu desejo; maior será o tempo de gestação do seu pedido, por que você não tem muita energia para "instalar antenas e amplificadores de sinal". O "negócio" vai parar...

(2)

Quando você quer alguma coisa, todas as pessoas envolvidas tomam parte e contribuem para que você realize o seu desejo (ou não).

Vamos voltar atrás e usar novamente a palavra **universo,** e tudo se esclarecerá, mais ainda. Vamos deixar a frase inicial e acrescentar as palavras - UNIVERSO LOCAL, onde há a frase **"todas as pessoas envolvidas".**

Vejamos como fica:

Quando você quer alguma coisa, e esta coisa tem um propósito para "o **universo local***", "***todo o universo local***" conspirará para que você realize o seu desejo. Se não for com você, como é tão bom e necessário, e "***universo local***" gostou será com outro alguém.*

Enfim, resumindo, quando você quer alguma coisa, todo o Universo LOCAL conspira para que você realize o seu desejo.

Considerando que "conspirar", é o trabalho das pessoas envolvidas no seu projeto de desejo, entrelaçando, tomando parte,

Jaime Teixeira Júnior – A Era do raciocínio quântico.

concorrendo, contribuindo ou não em seu UNIVERSO LOCAL, tudo fica muito claro.

Aí está também o "tempo de gestação".

O tempo de "atendimento" ao seu desejo é diretamente proporcional ao TAMANHO deste Universo Local e da ENERGIA que você pode dispensar.

Quanto maior o seu desejo maior deve ser a energia que você deve ter, para alcançá-lo.

O seu sonho também é...

O sonho de qualquer cidadão neste Planeta é ser milionário. Você vai fazer o quê? Você pode pedir para alguém. Vamos supor que você peça a um parente muito chegado um dinheiro para começar um negócio e essa pessoa lhe dá o dinheiro. Por que isto aconteceu? Por que certamente você é uma pessoa confiável, e acima de tudo expande amor, pois somente pessoas com esta natureza são CONFIÁVEIS.

Pessoas amorosas são geralmente pessoas dignas de confiança, em quem se pode depositar certeza; são dignas de fé, por isto no caso do empréstimo, quando você tem amor, é mais fácil para o UNIVERSO LOCAL atendê-lo.

Nesta mesma situação você pode conseguir seu dinheiro, para seu negócio, em um financiamento especializado, tendo as mesmas qualidades.

Mas e quem ganha em Loterias? Você já sabe que são poucos. E por que uma determinada pessoa seria responsável por receber uma soma enorme de dinheiro e não você?

Existe um movimento espiritual pessoal interno intenso; uma aceitação tranquila pela energia do dinheiro e há um propósito Divino: - são pessoas destinadas a lidar com aquele montante e dar algum tipo de exemplo a vários universos locais.[15] São pessoas que "poderão" cumprir uma meta Universal local, e Universal externa, enfim são predestinados que possuem uma incumbência quase sempre muito difícil para frente, ou estão completando um ciclo de indulgências.

Um monge pode ser rico?

Estes são exemplos de desejos MATERIAIS, mas há o desejo IMATERIAL, aquele que não estaria em princípio ligado aos bens materiais mais comuns desejados. Estes pertencem ao despertar espiritual.

---

[15] Multiversos: - vários universos locais ligados por alguma forma: - um acontecimento, uma necessidade, uma circunstância. O conjunto de cidades em um País é o Multiverso daquela Nação. As casas (comércio, residências, etc.) em cada cidade são um Universo local, e o conjunto delas, o Multiverso local daquela cidade.

Então um monge deveria ser rico? Ele é. Para ele, ele é. Para a maioria de nós, nesta sociedade decadente, e nossos princípios com necessidades espúrias, e meio ambiente de vida, provavelmente não, o monge não é rico. Mas é quântico este pensamento, por que acolhe mais de uma realidade: - aquela onde o monge se entende como rico e tem todos os motivos para crer, e a da maioria que acredita que ele não é rico e da mesma forma tem todos os motivos para crer.

Ele não tem a riqueza que você considera e quer: - o dinheiro. Ele tem a riqueza do plano dele, em acordo com as necessidades dele. Ele não sairá de onde está por qualquer valor que você possa oferecê-lo, simplesmente por que ele não se importa com os valores que você tem.

Ambos os caminhos: - O material e o espiritual podem ser unidos para que ambas as riquezas transponham tempos e gerações em nossas famílias. Tais riquezas de ambos os planos podem sob este aspecto se expandir para além da uma única geração.

Você precisa ser monge para expandir suas conquistas para além da sua existência? Não, claro que não. Basta ter tempo para procurar entender os anseios que batem mais forte na sua inteligência emocional e intuitiva que reside no coração para procurar as respostas a estas duvidas que eu sei que estão aí dentro que um dia você chegará num tempo da sua vida, em que terá colhido muitas respostas, mas terá guardado apenas aquelas que lhe surtiram efeito, e isto fara de você, de qualquer um, um ser humano melhor e igualmente, rico.

O Universo EXTERIOR, aquele que atende os anseios IMATERIAIS, NUNCA atenderá EXCLUSIVAMENTE você. Isto é impossível.

A Criação tem um objetivo, que é o de atender a todos, ou ao mesmo tempo ou por intermédio de alguém, de algum instrumento a todos ao mesmo tempo.

Então quando alguém se vê rico de uma hora para outra, para mantê-la é necessário ter tido tempo suficiente esclarecer sua alma do "por que" de estar milionário instantâneo. Se tal pessoa está na sombra, sem iluminação, ele desconhece totalmente a missão para qual provavelmente tenha sido designado. Sem espiritualidade ele não vai conseguir manter a riqueza material momentânea. Ele está no escuro, provavelmente sem um proposito maior, ou ele já estava bem e não sabia.

Desejar muito durante muitos anos "SER" algo que lhe dá muito prazer e ser reconhecido como tal, ser perseverante, certamente o conduzirá pelos caminhos do universo local até seus objetivos.

Há pessoas que enriquecem uma vida, mas a descendência não consegue manter: - faltam valores espirituais especiais, que são adquiridos quando nos abrimos por aceitarmos as respostas as nossas dores, e que estão na Luz.

Apesar das dificuldades, quando elas vierem, permita-se sem constrangimento o apoio da Criação e que ela atue em você todo dia até o dia mais abençoado e promissor da sua vida.

- CAPITULO 8 –

Porque nossos anseios não chegam da forma, maneira ou velocidade que desejaríamos?

Uma vez que tudo é energia, nós já somos tudo o que precisamos ser.·.

Respostas do raciocínio quântico.

Alguns anos atrás, tomamos conhecimento que de alguma forma, algo em algum lugar, poderia atender todos os nossos desejos.

Mas a realidade é um pouco além.

Desde que o ser humano habita este Planeta, ele sempre foi rico. Os conceitos de riqueza, prazer são relativos, isto que dizer que são diferentes para cada observador. O que é riqueza e prazer para alguém, pode não ter o mesmo encanto para outro.

Muitas pessoas ricas materialmente nunca em época alguma de suas vidas ouviram falar nem de longe que existia algum tipo de "segredo" para manipular com mágica o advento da fartura financeira individual.

Podemos falar um pouco sobre atração, a lei. Depois de muito ler, e observar os resultados que muitos tiveram eu posso dizer que não há mágica; nem um botão, ou um texto mágico num papiro. Existem "ações", "reações" que são as formas de atuar no meio em que vivemos e é isto que deve estar bem claro ao estudante do Raciocínio Quântico: - o lobby quântico. É ele quem resolve e põe em marcha as ações necessárias para dar andamento aos eventos em nossas vidas, examinando todas as possibilidades que se apresentam e tendo muita paciência. Será exigida muita resignação.

O maior problema do lobby pessoal no universo local é a falta de iniciativa, muitas vezes ou na maioria delas condicionada pelo medo de se rejeitado quando tiver que atuar no seu ambiente.

O medo é uma das emoções humanas mais fortes e básicas e a única forma de vencer e começar a emitir as formas frequência pensamento para ter um raciocínio quântico que o liberte do seu medo é conquista-lo.

Conquistar o medo é "absorver" aquilo que mais tememos, e isto aos poucos vai transmutando, mudando nossa forma de ver aquela realidade. A partir da absorção do medo, começa a "regulagem" dos temores, e o nosso raciocínio quântico, buscando as inúmeras possibilidades para solucionar a questão, começa a afastar o receio da rejeição, e literalmente nos atiramos na "piscina" da vida.

A "piscina" da vida tem o tamanho do Planeta Terra, e nela estão todas as infinitas possibilidades e todas as inúmeras frequências que estão sendo emitidas por cada um dos seres humanos. Milhares em algum lugar possuem pelo menos uma ou algumas das suas frequências pretendidas. As outras você vai sintonizar em outros grupos. É assim o entrelaçamento destas frequências para todos. Nossas emoções sintonizam com diferentes grupos e pessoas individuais no mundo todo. Como infinitas linhas cruzadas, não se perde a sintonia, exatamente por que cada uma tem sua onda e energia, e a partir daí, começa a criação da sua forma frequência pensamento na construção do raciocínio quântico para todos os eventos necessários que vão dar marcha a sua existência.

Enquanto há medo, haverá sentimento de rejeição. E isto faz com que você se afaste da vida, evite falar com as pessoas, e nos casos de relacionamento amoroso o medo de ser rejeitado evita que você procure um parceiro (a). O medo é uma das ferramentas do inconsciente, lembra? E a rejeição é instrumento para colocar em prática e para mantê-lo "preso", "seguro", dentro do "instinto de sobrevivência" esperado pelo inconsciente.

Achar-se feio, desengonçado, gordo, chato, burro, "sem papo", são algumas das formas frequência pensamento emitidas que reduzem a zero o raciocínio quântico para esta questão da rejeição.

Esta abordagem, dependendo da sua finalidade de vida, não é quântica, por que não admite possibilidades, portanto, custa muito caro. Você não vai ter para onde ir, ninguém com quem sair, e admita... Não vai conseguir atuar no universo local. Sua mente quântica ficará presa aí dentro da sua cabeça. Depois disto vem a tristeza, a melancolia, e por fim pode dar-se inicio a uma depressão induzida. Você precisa perceber que pode estar com medo e se perguntar: - Com medo de quê? E se a resposta for: "-Eu tenho medo de rejeição", você deve dizer: "-E daí se eu for rejeitado? O corpo é meu, a vida é minha, e a minha capacidade é esta, quem quiser que goste de mim como eu sou.".

Quando nos atiramos na "piscina" da vida, as inúmeras possibilidades começam a aparecer e, o treinamento do seu raciocínio quântico se inicia dando oportunidades para escolher aquela que tiver o menor custo e o maior benefício, uma vez que você está "domando a rejeição".

Logo a seguir, você passa a fazer parte de um grupo de elite, das pessoas com o pensamento de levar vantagem extra. Para os vencedores isto é inerente ao caráter deles, principalmente para aquelas pessoas que vivem nos Países em desenvolvimento, ou em situações bastante desfavoráveis; a garra por desejarem situações mais proveitosas, lucrativas e ao mesmo tempo prazerosas tiver uma relação custo/benefício mais benéfica e fácil de ser executada, é a aquela possibilidade que será escolhida para dar inicio a performance delas no meio ambiente do universo local.

Uma vez um amigo me disse que havia encontrado uma pessoa muito falante numa quitanda e ela estava "pechinchando". Então este meu amigo se sentiu à vontade e ofereceu um produto que ele vendia, para o "pechinchador"; ele aceitou, mas também utilizou a mesma técnica de tentar uma vantagenzinha extra na oferta deste meu amigo que quis saber por que ele sempre fazia isto, ou seja, lucrar um pouco mais; e ele respondeu: "-Foi assim que fiquei rico: pechinchando e fazendo bons negócios". Como a proposta daquele meu amigo era um valor fechado, portanto sem condições de modificar, o insistente pedido de redução de preço não funcionou, naquela vez.

Mas "pechinchar" é um instrumento do raciocínio quântico, por que inúmeras possibilidades se criam. Até novas fronteiras se abrem. Não estou exclusivamente falando de comprar ou vender, de negócio, mas para tudo na vida, o lobby pessoal é importante.

Conseguir deduzir encargos em nossas vidas com base na exposição de um raciocínio fundamentado com argumentos competentes e receber por conta desta atitude benefícios duradouros com "descontos" em nossas obrigações, incumbências, comprometimentos, dificuldades, problemas, e boas aquisições para nossas vidas na hora e no momento do evento é uma **ferramenta quântica**, pois exige conhecimento e experiência. Pechinchar é um ato de um pensador quântico. Assim como tudo na vida, alguns fazem isto e outras coisas naturalmente, é um princípio de nascença. Outros necessitam estuda-lo.

Então, respondendo por que nossos anseios não chegam "da forma, maneira ou velocidade que desejaríamos", é por que somos dominados pelo nosso inconsciente, e não fazemos com planejamento todas as atividades necessárias para o bom andamento. Com a dominação do subconsciente, ficamos sem capacidade de "lobby" em nosso meio ambiente, no nosso universo local.

Por exemplo, em se tratando de querer ter muito dinheiro, o mistério de ser financeiramente abundante, além de ser extremamente relativo (o que é riqueza para uns pode não ser para outros e vice-versa), através de algum "segredo", é praticamente inexistente; não existe segredo. Existe falta de atitude correta, falta de atitude para nos desvencilharmos da timidez e consequentemente dos medos impostos pelo "status quo" do nosso inconsciente, frente a necessidade que ele possui de nos manter sobrevivendo. O subconsciente mantém a "chama" do instinto de sobrevivência, acesa, e isto se não for bem compreendido, pode ser prejudicial em todos os aspectos das nossas vidas.

Assim, criar "riqueza" se encontra dentro de formas intensas e necessárias quando o Ser Humano se descobre durante a existência, numa imensa necessidade material e em extrema dependência do inconsciente que o está impedindo de criar uma finalidade "superpoderosa", quando se demonstra realmente interessado em algo que poderá mudar sua vida. Não o faz, por medo. E somente as formas frequências pensamento negativas do medo, é quem atuarão por sintonia com este tipo de pessoa, ou sentimentos. Não esqueça. Volte e leia como "controlar" o medo.

Mas... Tudo na vida tem um propósito. Tudo tem uma finalidade e está intimamente ligado aos interesses do Universo externo e das forças Criadoras que o conduzem, e obviamente nos afeta. Então tudo o que é criado, tudo que é modificado, tem um desígnio.

O conhecimento de existir um "segredo" para conseguir levar a nossa vida para um estágio superior, simplesmente é desleal. Infiel aos interesses da Criação, por que nos insere dentro de uma sociedade onde somente nela é que poderemos ser ou ter bens que satisfaçam a nossa vida. Mas a concepção deste tipo politico-hierárquico de sociedade, não é da Criação, mas do homem e que exige que todos corram atrás de algo que satisfaça os interesses do sistema e em troca o individuo receba "uma posição e um lugar para ir e voltar – trabalho e casa". Ainda que o cidadão não tenha capacidade para ser um bom profissional na área que escolheu por que não gosta dela, muitos serão levados a aprender o conhecimento exigido por tal sociedade, nos pontos onde o retorno financeiro é presumivelmente maior. Assim, apenas o conhecimento das profissões sociais são as mais procuradas, exatamente por que a sociedade está doente, e precisa de cura.

Antes de existir a descoberta de um segredo, já dissemos isto, milhões de pessoas desde que o homem é homem sobre a Terra, foram imensamente ricas. Então não poderiam tais milionários de milhares de anos no passado mais longínquo, terem ficado ricos por que leram um papiro.

Mas, como eu disse: - há um propósito em tudo e neste caso muito interessante deste conhecimento é que ele trouxe junto e abriu a oportunidade de ensinar os conceitos de física quântica, que realmente fazem a diferença no momento de seguirmos adiante com nossas vidas nesta sociedade.

- A dualidade da energia;
- Que tudo é energia;
- Que não importa a distância entre partículas de mesma natureza, o que você fizer em uma na outra se repetirá;
- Nós não tocamos em nada (sim, você não encosta sua mão, em nada).

Estes conceitos são de fato reais e verdadeiros. O conhecimento de um presumível segredo fez vir à tona esta parte da Ciência.

A física quântica serve de base para toda a estratégia de autoconhecimento e nos leva ao crescimento no desenvolvimento do nosso domínio do Raciocínio Quântico. Ou não. Pode ser que não, e depende de tudo o quanto também temos visto neste livro.

E acima de tudo, acima do nosso propósito de vida necessitar estar conectado com os "interesses" da Criação (senão dificilmente ocorre), o maior e mais importante sentimento, que vem acima da necessidade premente de mudar o rumo é o sentimento do Amor.

Amor é um evento "chave" no domínio da física quântica básica para adentrarmos ao raciocínio quântico e mudarmos nossa vida quando a necessidade bater.

Alguns "atos" a mais do nosso inconsciente

O nosso subconsciente nos leva a acreditar em tudo que alimente nossa boa fé, principalmente, no amor, ou no amor que cremos que é amor, pois não temos conhecimento de outro tipo de amor. Quando falo de amor, é do amor pelas coisas necessárias que você precisará fazer para mudar. Sentir amor pela mudança, pela expectativa de uma grande melhoria em sua vida e que o aguarda logo adiante, durante mais algum tempo de gestação. É deste amor que falo.

Um raciocínio quântico: - Agricultura e o plantio de sementes de amor.

Certamente não estamos ainda preparados para um amor diferente daquele que une casais. Dizemos que estamos dispostos, mas em verdade não estamos organizados mentalmente para o amor incondicional. Falamos que estamos, mas não estamos. Todos que "dão amor", ou pensam que dão, querem amor. Quando você diz: "-Eu dei amor, e não recebi nada em troca", não é um raciocínio quântico, pois quando você diz "dei", é o mesmo que dizer, "eu doei"; ora, se você "doou", é por que teve a finalidade de transmitir gratuitamente algo que era seu, ou que constitui parte do seu caráter, compõe propriedades da sua personalidade, neste caso, o amor. Se você doou, está dado, foi gratuito, e pensar em receber algo em troca é uma contradição, um choque energético que vai rebater somente em você. Se quiser doar seu tempo com amor para outras pessoas, seja claro com você mesmo.

Por que o embate energético? Quando não recebeu de volta, se indignou, sintonizando com sentimentos de amargura, solidão, angustia e isolamento. E isto retorna apenas para você, já que para o outro você "doou" o que imaginava ser "amor incondicional".

Ora, se você quer amor, ou seja lá o que você quer de volta de outros seres humanos, precisa ser o mesmo a dar: - na mesma medida e tamanho. Se você está oferecendo amor (não doando) e sua finalidade é receber o mesmo em retorno e não está recebendo a atenção ou amor em retorno, você deve parar. Pare por que você está semeando em "terreno" infértil para suas sementes de amor.

Não são exclusivamente suas sementes que este "solo" quer, ou precisa. São outras de outro tipo que esta "terra" na qual você tentar "plantar", poderá nutrir, mas não as suas sementes.

Na agricultura é assim: - alguns solos são propícios a algum tipo de cultura, por "ene" motivos: - *regime de chuvas na região, topografia do terreno, elementos minerais nutrientes na terra; profundidade do terreno (mais ou menos propicio a um tipo de planta), qualidade das sementes e outras tantas particularidades que todo agricultor sabe.* Então alguns solos produzem melhor um tipo de planta, mas se o agricultor forçar o plantio de outra cultura que não é da natureza daquela terra, certamente ele vai ter uma produção tão baixa que será inviável a colheita. Ou até nem colherá nada.

Captou a relação entre os pensamentos neste caso específico? Isto que você acabou de ler é um pensamento quântico, por que abrange várias realidades de um único evento. A elaboração de um pensamento quântico exige pelos menos duas realidades distintas, claro, necessário para tirar vantagem de uma boa escolha pelo conhecimento adquirido, pela experiência, e criar outra melhor e mais abrangente.

E por carências, emocionais e consequentemente afetivas, nos ligamos a qualquer coisa que acreditamos que nos dará o suporte emocional que tanto precisamos; por isto nos enganamos dizendo que estamos "dando" amor, mas em verdade nós gostaríamos muito de receber a mesma medida de volta. Por isto não é todo mundo que está preparado para o amor irrestrito, pois esta não é a forma esperada para o amor incondicional, pois como o próprio nome já diz, é "incondicional", sem restrição alguma. Doou? "Tá dado".

Este é outro ato "sórdido" do nosso inconsciente. –Não... Se você não fizer um "acordo" também com seu inconsciente, ele não vai libera-lo. Pode acreditar.

Quando é amor "carnal" como se diz, por um parceiro ou parceira, ou por nossas crenças, por elas andaremos nus e moraremos até embaixo da ponte se necessário for. Da mesma forma tem que ser com as mudanças em nossas vidas, com amor. Até sua profissão, é uma crença.

Para exercermos o amor que abre as portas ao conhecimento que nos levará a desenvolver o raciocínio quântico, precisamos amar em primeiro lugar a nós mesmos, e isto não se trata de egoísmo. Precisamos entender e aceitar também que as pessoas não são como nos achamos que elas são ou deveriam ser. Se você apostar nisto, certamente vai "cair do cavalo", por que neste contexto, todos superestimamos as relações que mantemos com amigos, pessoas de convivência e mais ainda aquelas além do nosso grupo família (do grupo família nós conhecemos todos, não é verdade?), e quando descobrimos que elas não são como queríamos, ficamos decepcionados. Mas o erro é nosso. Nós quem imaginamos alguém como gostaríamos que fosse, mas elas são como querem e precisam ser, e não para satisfazer nosso ego.

Ninguém tem o dever de ser como você acha que a outra pessoa deveria ser e atuar nos eventos da vida dela, ou até mesmo tratar você.

Se você superestimou e caiu do cavalo, foi infantilidade. A outra pessoa não tem culpa de nada.

Com base no principio do amor pelas coisas que você precisa fazer por necessidade, do amor próprio e do reconhecimento da verdadeira pessoa que existe no outro e que seu inconsciente não o deixa "enxergar", você começa a entender como racionar quanticamente.

Ninguém que não ame profundamente a si mesmo, e se veja em primeiro lugar, e bem, antes de olhar aos outros, não poderá amar nenhuma outra pessoa, pois não haverá desígnio real, mas carência real e ainda por cima, com uma enorme vontade de ser controlador(a).

O amor em relação à fé e a Consciência Criadora Universal Quântica

A fé precisa abordar um fato difícil de ser modificado. O culto ao imaterial, ao intangível, deveria regar a semente divina que há em nós, e quando isto acontecer, então será você em primeiro lugar a se amar. Isto não se trata de egoísmo, mas de autoestima.

A Criação é amor, e nos permitiu também sentir esta emoção. A Criação concedeu amor aos homens.

Se você não consegue se amar, é por que não tem o amor desperto dentro desta alma. Existe em todos nós, mas atualmente, está "dormindo", na maioria da população da Terra. Em muitos casos, em "sono profundo".

Se não tem amor, ainda não despertou para sua Consciência Criadora Universal Quântica e, em sendo assim, aquilo que você não possui, não pode dar muito menos sentir. Por isto muitas pessoas vivem felizes, sem ódio, rancor, sem inimizades, em paz, tranquilas, pois elas não têm ódio nem rancor, portanto, não podem sentir. Ninguém "sente" algo que não tenha. Com o amor é a mesma coisa.

Se a sua crença não estimula o seu "auto amor" (como Jesus doutrinou[16]), talvez você ainda não saiba por que as coisas não vão bem. O corpo, a alma, o íntimo que Deus lhe deu, o seu templo, não é amado por você mesmo.

Colocar-nos lado a lado com Deus no processo da Criação e reconstrução, quando você estiver com a mente preparada e raciocinando de forma quântica isto também virá à tona.

E tudo isto aconteceu ao mesmo tempo, numa mesma época, mas poucos perceberam.

A aproximação do ser humano com a física quântica nos dá outra dimensão à vida como um todo e um conhecimento da nossa posição como ser humano neste mundo e em muitos outros e em várias situações.

Eu falo das energias transmitidas à distância que varia de nome: - Ho´oponopono, Huna, Reiki etc.

Se você não acredita que energia não pode ser transmitida à distância, você não pode ver os programas de TV, pois as imagens, em um estado eletromagnético, viajam pelos céus da sua cidade.

A luz emitida por um farol viaja da lâmpada, até o extremo da estrada onde pode ser vista.

Mas então, como eu crio uma essência capaz de fazer o "desejo" funcionar com a rapidez que eu e você esperaríamos?

O domínio da física quântica básica.

Você não tem o dinheiro para comprar o que precisa?

Você precisa de um emprego?

Seu currículo é bom?

Sua formação é boa?

Você depende de alguma entrevista e da avaliação de outros?

Vale uma força mental, uma oração?

Com certeza.

---

[16] Este é o meu mandamento: amai-vos uns aos outros, como eu vos amo. João 15:12

Jaime Teixeira Júnior – A Era do raciocínio quântico.

Somos exclusivamente energia, definida pela densidade desta energia: - quanto mais energia, mais densa a matéria, e é preciso alimentar todas as partes.

Também acredito que invariavelmente nossos desejos são dependentes das nossas crenças, ou seja, vamos desejar coisas que não iriam contra a nossa fé.

Se você acredita que dinheiro é pecado, ele vai se transportar para aqueles que possuem um alto raciocínio quântico desenvolvido, ou seja, para aqueles que não creem que estar bem com a vida deles, seja algum tipo de pecado.

- CAPITULO 9 –

A experiência surrealista, fora do normal - "o Gato de Schrödinger".

Uma prova de que somos seres "quânticos"

Raciocínio Quântico 6 – Schrödinger

Somos ondas conscientes no mar do Universo infinito e a Terra é uma ilha onde evoluímos na partícula.

Introdução

Na medida em que começamos a dar margem ao raciocínio quântico em nossas vidas, uma visão renovada da realidade se abre em nossa mente (pensamentos que já trabalham num cérebro onde as zonas ativas de contato entre a terminação nervosa e os neurônios, são quânticas) e passamos a enxergar o mundo e tudo o que nos cerca repleto de novas noções da realidade e com uma iluminação mais "intensa" que passa a nos mostrar o que antes não víamos.

Quando enfrentamos desafios nossa mente e nossa alma precisam estar preparadas, ou seja, necessita existir informação prévia em nossas mentes a respeito daquilo que vamos tratar, enfrentar, encarar, confrontar. Nossos desafios, enfim. Talvez não saiba que nosso cérebro é quântico, tanto na emissão de infinitos saltos quânticos nestas terminações nervosas quanto das inúmeras possibilidades que o encéfalo cria para desvendar as mais intrincadas situações. Quanto mais preparado, melhor a resposta, por que maiores são as possibilidades que podemos fornecer ao resultado esperado.

Aplicando O Gato de Erwin Schrödinger ao prestar um concurso

Problema

145

Para um concurso a pessoa não pode estudar como se fosse fazer um projeto de alguma coisa. Tem que "aceitar" adestrar, domar o cérebro, por que ele e quântico e ele "precisa" saber que não precisará de todos os "dotes" de uma mente quântica. E você vai entender o "porquê", logo a seguir.

Esse é um problema que acompanha todos os "concurseiros": - Questionar muito. Quando se questiona, aceleramos os eventos quânticos da mente e então se inicia mais e mais procedimentos em eventos quânticos.

Rapidamente a mente começa a elaborar um monte de possibilidades que só acresce a cada instante, ficando a cada momento realmente mais difícil de entender o que se estuda e consequentemente responder corretamente a questão, em provas do tipo que só admite uma única resposta.

Por isto o trabalho da física quântica, dentro do raciocínio é importante para conhecer o "outro lado da moeda" e ao treinar, moldar a mente para esquecer por instantes que não precisa de eventos quânticos, é uma tarefa um pouco difícil, mas a palavra chave é "aceitar", "aceitação" sem discussão, daquilo que você está estudando. Assim, aos poucos você acaba "educando" o cérebro para "entender" que ele vai responder questões não quânticas. O treino principalmente é feito com base nas provas anteriores.

Em verdade um "concurseiro" não deve dizer que está "estudando para um concurso", mas pronunciar que está se "educando" para a prova. Sim, é isto mesmo. Quando perguntarem para você se está estudando para um concurso, responda: "-Não, eu estou me educando (treinando, modelando, adestrando, aceitando) o conteúdo da matéria."

Depois então sim, todos podem liberar a mente para seguir sua marcha quântica, exatamente como sempre faz. Por isso tem pessoas, e é a maioria, que demoram anos para passar num concurso, achando que faltou estudo, mas não, faltou foi "adestramento" em concurso público; isto leva mais anos para uns e menos para outros.

Enunciados

Jaime Teixeira Júnior – A Era do raciocínio quântico.

O que você precisa ter em mente para seguir lendo. São as teorias da física quântica, que para uma prova com questões que admitem apenas uma única questão, e que, portanto não são quânticas, PRECISAM SER NEGADAS pela sua mente. E você vai saber por que logo a seguir.

- **Simplesmente olhar para um objeto quântico interfere na forma como ele se comportará.**
- Luz é uma onda ou uma partícula? Talvez as duas. Um elétron, por exemplo, é uma partícula, mas pode ser refletido e interferir com ele mesmo como se fosse uma onda.
- Algo pode ser onda e partícula ao mesmo tempo? Permanecer "duas coisas" ou "dois estados" no mesmo instante? Sim. Este é o principio do computador quântico já em uso por corporações como a Google e IBM onde novas pesquisas mais recentes criam um computador ainda mais poderoso.

Vamos tomar emprestada a experiência fora do normal - O Gato de Erwin Schrödinger como modelo, numa situação em que você vai prestar um concurso. Você está fazendo sua prova, e chega a uma questão mental, onde o cérebro precisa "raciocinar", usando a razão que você adquiriu para enfrentar esta situação, com seu conhecimento. Uma das questões é a seguinte: (**ATENÇÃO – algumas pessoas que leram este capítulo em pré-lançamento, sem motivos explícitos, ao chegarem ao final, esqueceram que tinham lido uma pergunta neste capítulo 9. Não deixe que isto aconteça, pois ela é fundamental para concluirmos o Raciocínio Quântico 6 – Schrödinger para concursos**).

(FCC-Assistente administrativo 2011)
Uma mãe tem 30 Reais para dividir entre suas duas filhas. Que horas são?
(A)02h30min
(b)02h45min
(c)03h30min
(d)01h45min
(E)00h00min

A maioria das provas, exames e concursos aos quais podemos nos submeter, toda a resposta admitida não é quântica. Na grande maioria delas (das provas de múltipla escolha), apenas uma única resposta é a correta, apenas uma possibilidade. Uma única possibilidade, não é quântica, por definição da física das possibilidades, a física quântica.

Outras, não muitas, admitem mais de uma resposta, como por exemplo, (A) e (B) certas, (B) e (D) incorretas, etc.

Bem então se sabemos que a física quântica é a física das possibilidades, e como a resposta a cada questão é única, a probabilidade também é única. Por isto não é quântica, ok?

No entanto, para responder, seu cérebro estará elaborando de maneira quântica, todas as possibilidades possíveis na mente, para qualquer questão não quântica (de uma única possibilidade para a resposta) e em acordo com a sua capacidade no conhecimento adquirido.

Então temos um embate, um choque entre uma mente que elabora inúmeras possibilidades dentro de um problema que sabemos não ser quântico por aceitar apenas uma probabilidade correta, com o nosso raciocínio que é quântico.

Por isto é que tais testes, ainda que válidos, os vencedores e aprovados, estarão mais próximos daquelas pessoas que possuírem um índice melhor de memorizar sem preocupação de compreender, o que foi arquivado.

As pessoas mais "livres", mais tranquilas e que aceitam com mais facilidade o que estão estudando, sem questionar (questionar leva o cérebro a acelerar e aumentar a abundância de procedimentos quânticos, para elaborar uma coleção maior das possibilidades para sua escolha final), também estão mais próximas do sucesso e aprovação.

Se você tentar compreender o que está estudando para um concurso de múltipla escolha não quântico, a sua mente absorverá muita informação, e criará inúmeras possibilidades quânticas para tentar responder uma questão não quântica. E a possibilidade de errar, será bem maior.

Mais próximos da aprovação em concurso:

- Um índice melhor de memorizar sem preocupação de compreender
- Pessoas mais "livres", mais tranquilas.

Por isto também, é que muitos cursos particulares preparatórios exigem além do estudo relativo da matéria exigida para o concurso, que os estudantes e aspirantes a uma vaga em uma concorrência em autarquias municipais, estaduais ou federais, façam muitos exercícios de questões de provas anteriores, para treinar uma mente quântica para responder questões não quânticas.

É um treino, um adestramento que você precisa aceitar e se adaptar. Você está sendo "domesticado", "adestrado", para isto; e precisa aceitar.

Você vai apenas prestar um concurso, e não desenvolver uma obra de engenharia, astrofísica, química, biologia, etc. para levar o homem a Marte, ou resolver o problema do aquecimento global, ou outras atividades que exigem questionamentos para levar sua mente a acelerar e aumentar a abundância de procedimentos quânticos a fim de elaborar a maior coleção possível de possibilidades para sua escolha final, e isto se chama <u>criatividade</u>. Criatividade é um raciocínio quântico e raciocínio quântico, não cabe num concurso; acho que ficou bem claro isto. Em resumo, **você não pode ser criativo num concurso cujas questões são de múltipla escolha, não quânticas. Você tem que ser esperto.** Deixe a criatividade "presa", até a hora da redação...

Você precisa saber também para o quê o raciocínio quanto <u>não funciona</u> ou <u>não se presta</u>. Se pedirem uma chave de boca e você trouxer um alicate, estará cometendo um erro semelhante. Um lado da moeda, diz o valor dela, mas o outro mostra a face do governante. Os dois lados podem dizer a você de onde a moeda é, e para o que ela serve...

Bem, em relação a nossa pergunta, a resposta ao final deste capítulo. Vamos ver em quê este *Raciocínio Quântico 6 - Schrödinger* pode nos ajudar a concluir e chegarmos a uma resposta em nosso concurso. Nos parágrafos anteriores, muito já aprendemos. Você sabia de tudo isto?

Em relação à pergunta ainda, uma dica para você ir lendo e pensando, mas de qualquer forma serve para todos os eventos das nossas vidas: - Em tudo, e até mesmo em nossa vida se dividirmos em partes o todo maior ficará infinitamente mais fácil de entender e chegar a uma conclusão, exatamente por que nossa mente trabalhará melhor quando decompormos uma coisa grande em varias partes; isto abrirá inúmeras, mas menores outras possibilidades, e como naturalmente nossa mente é quântica, você já sabe o quanto isto será útil. E questões como estas de concurso são assim, a gente não pode e não deve querer ver o todo. Então, "divida" a pergunta, por que ela lhe dá uma resposta na metade e a outra na outra metade...

Quase sempre o todo é tão grande que de imediato o nosso inconsciente trata de nos desestimular e então o que seria muito fácil e compreensível se torna difícil e enigmático. É a armadilha do inconsciente para manter seu estado de sobrevivência intacto, e a sua incapacidade de "memorizar sem preocupação de compreender e aceitar de imediato aquilo", e talvez você não seja uma pessoa necessariamente "livre" ou tranquila.

Este é uma das mais incríveis ensaios mentais e que vai ampliar e expandir incrivelmente a sua forma de ver a realidade que nos cerca. Se você procurar material a respeito na Internet, irá encontrar, mas é imprescindível uma boa dose de paciência para entender o mecanismo e concluir.

Da mesma forma Schrödinger ao concluir, nos trouxe uma nova visão que pode se aplicar a muitos eventos em nossas vidas, e na realidade do Planeta. Mas aqui no livro está mais bem explicado, pois foi "desmontado" o experimento em várias partes para promover um melhor entendimento.

O Gato de Schrödinger. Um experimento mental, frequentemente descrito como um paradoxo[17] (por exemplo, você enfrenta um paradoxo com sua mente quântica tentando resolver

---

[17] Algo declarado aparentemente verdadeiro, mas que leva a uma contradição lógica.

questões de concurso com perguntas de múltipla escolha que admite uma única possibilidade), desenvolvido pelo físico austríaco Erwin Schrödinger[18] em 1935.

Isso ilustra o que ele observou como o problema da interpretação de Copenhague da mecânica quântica sendo aplicado a objetos do dia-a-dia, no exemplo de um gato que pode estar vivo ou morto, dependendo de um evento aleatório precedente. No curso desse experimento, ele criou o termo Verschränkung (entrelaçamento).

Schrödinger construiu uma experiência surrealista, fora do normal, que se chamou de "o Gato de Schrödinger" e ela vai explicar tudo. Vamos ver:

• A experiência de Schrödinger contém uma caixa fechada e dentro dela: - material radioativo, um contador Geiger que é um aparelho detector de radiação, e um dispositivo com um martelo e um frasco com material tóxico.

• Contêm também um gato... Todos dentro desta caixa.

As leis da física quântica dizem que a radioatividade pode se manifestar em forma de ondas ou de partículas e uma partícula pode estar em dois lugares ao mesmo tempo.

Também não podemos esquecer que TUDO, é radioativo, apenas lembrando que alguns elementos são fortemente radioativos e outros não. Nós, seres humanos somos "radioativos".

• Se se soltarem partículas radioativas dentro desta caixa, com o gato, o contador Geiger perceberá sua presença e acionará

---

[18] Erwin Rudolf Josef Alexander Schrödinger (Viena-Erdberg, 12 de Agosto de 1887 — Viena, 4 de Janeiro de 1961). Físico teórico austríaco, conhecido por suas contribuições à mecânica quântica, especialmente a equação de Schrödinger, pela qual recebeu o Nobel de Física em 1933. Propôs o experimento mental conhecido como o Gato de Schrödinger e participou da 4ª, 5ª, 7ª e 8ª Conferência de Solvay (uma série de conferências científicas celebradas desde 1911). No começo do século XX, estas conferências reuniam os mais consagrados cientistas da época, e proporcionaram avanços fundamentais para a Física Quântica. Foram realizadas no Instituto Internacional da Solvay de Física e Química, localizado em Bruxelas, fundado pelo químico industrial belga Ernest Solvay.

um martelo, que, por sua vez, quebrará um frasco de veneno, onde está o gato.

• Mas... Se se soltarem ondas do material radioativo, o contador Geiger NÃO perceberá a presença e NÃO acionará um martelo, que, por sua vez, NÃO quebrará o tal frasco de veneno, onde está o gato.

Mas como toda a matéria pode ser onda ou partícula ao mesmo tempo... Então... Ocorre uma dupla realidade: - na mesma fração de segundo, o frasco de veneno quebra e não quebra (por que as partículas radioativas se manifestam em forma de onda ou partícula, se for partícula, é detectada pelo contador Geiger e quebra o frasco com veneno matando o gato), ou seja...

• Uma realidade onde o gato aparece vivo, porque, nessa versão, nada foi detectado pelo contador Geiger, pois a radioatividade manifestou-se em ondas.

• Noutra realidade o gato surge morto, pois nessa outra versão do mesmo instante de tempo o contador Geiger detectou a radioatividade como partícula e acionou o martelo que quebrou o frasco com veneno e matou o gato.

E estas duas realidades aconteceriam ao mesmo tempo: - o gato estaria vivo e morto ao mesmo tempo até que a caixa fosse aberta.

No entanto...

Quando você como observador abrir a caixa, acabaria com a dualidade, pois nós só podemos ver ou uma única realidade: - gato vivo ou um gato morto, por que nossa mente só aceita um fato, da mesma forma como a resposta a questão de uma prova de concurso: - Ou sua resposta está certa (e viva), ou ela está errada (e morta). Mas sua resposta só estará viva (e correta) ou morta (e errada), ANTES de respondê-la... Pois neste momento AMBAS AS REALIDADES estão ocorrendo até o momento em que a sua CAIXA (que é a sua resposta), fosse aberta, digo, dada.

Se você olhar a pergunta no inicio deste capitulo, sua mente quântica elaborando uma infindável quantidade de eventos quânticos estará considerando quase todas as respostas abaixo dela, como vivas (e corretas).

E para mudar isto? Depende de nós aceitarmos e já termos visto antes algo semelhante. Não é exatamente "fácil", mas se você simplesmente "aceitar" enquanto estuda, estará mais próximo de responder corretamente a questão, e o seu gato, digo, sua resposta será correta (e viva).

O domínio da física quântica básica é uma ferramenta que vai fazer você exercer uma atração intensa por aspirar a maneira como deseja que seu "gato" esteja ao abrir sua caixa: - vivo (e correto), ou morto (e errado).

São coisas na vida em que você realmente amaria fazer, ser, ter saber ou estar. Um concurso o leva a isto, por que a independência financeira é a que trás todas as outras, e "AMAR" é a palavra chave. Se NÃO há amor, NÃO há desígnio que mude o "estado" de alguma coisa, por que no deserto, não cresce nada, e o pouco que tiver o vento do dia ou o frio da noite, se encarregará de levar.

Você quer que seja "VIVO", o seu propósito, mas não consegue; quer que seja LUZ a sua onda, mas ela continua partícula. Ou vice-versa.

Você não encontrará as razões imprescindíveis pelas quais lutaria para modificar-se se não houver amor. Pouco importará se o seu "gato" está vivo ou morto ao abrir a caixa onde ele está.

Não há um propósito "real" que lhe interessaria transformar-se. Mesmo que fosse necessário, sem amor não há finalidade que determine em você a necessidade de "ser, ter saber ou estar" de outra forma ou em outra realidade.

Olhe para você, como um grande objeto quântico que pode interferir na forma como você se comportará.

E a resposta? Qual é a hora?

Vamos dividir O TODO da pergunta em partes para ficar mais fácil?

1. Uma mãe tem 30 Reais
2. para dividir (não é somar, subtrair ou multiplicar. Seu cérebro quântico estará admitindo esta possibilidade...
)

3. entre suas duas filhas.

Partir em determinado número neste caso o 30 em partes iguais (por que a palavra "Reais" é o nome da moeda, e neste caso é irrelevante, ou como se diz, "para encher linguiça"; poderia ser, 30 pedras), é dividir 30 entre as duas filhas, ficando quinze para cada uma, ou seja, é quinze para as duas. Resposta correta: (d)01h45min (observe que na mente, o "quinze" para as duas vem antes do numero dois, e que em muitos casos ainda visualizamos mentalmente um relógio e seus ponteiros, com a resposta que admitimos ser a correta e podemos errar a questão por que o nosso cérebro, uma vez tendo estabelecido qual a possibilidade correta, repito, estará buscando uma resposta que contenha o numero "15" antes de qualquer outro numero. Não achando o "15", ele vai procurar pelo "2" e você poderá marcar (b)02h45min.

E mais: se insistir nesta possibilidade do "15" antes de "qualquer número", não encontrando, ele vai "zerar" o raciocínio, e você tenderá a marcar a resposta (E)00h00min, por este motivo, e também para "se ver livre" da pergunta, pois pode estar se tornando um tormento.

Unindo todas as teorias até aqui estudadas

A Física Quântica possui muitos termos para determinar seus eventos, e cada estudioso encontra o seu "nome" para atribuir uma relação "compreensível" as suas pesquisas e defini-las melhor a outros cientistas e até mesmo para o público mais curioso ou interessado nestas questões.

Uma delas é "O efeito Hamlet".

E como isto pode ser útil para nosso dia-a-dia?

A compreensão de um fenômeno ou saber da sua existência é que pode induzir mais qualidade as nossas intenções de vida.

• Se tivermos uma "panela" de elementos quânticos elas podem se "recusar" a ferver.

• Ou poderiam ferver ainda mais rápido do que o normal.

• Ou podem entrar em um dilema, parafraseando Hamlet: "ferver ou não ferver, eis a questão".

Tudo isso provem da equação Schrödinger que descreve como os objetos quânticos evoluem em termos de possibilidade durante o tempo.

Em termos básicos: - simplesmente olhar para um objeto quântico interfere na forma como ele se comportará. Uma questão de concurso (já sabemos) não é quântica, portanto você não vai conseguir interferir. Apenas aceitar.

A "Dualidade de ondas e partículas":

• Do que a luz é feita? Isaac Newton (cientista inglês, mais reconhecido como físico e matemático, embora tenha sido também astrônomo, alquimista, filósofo natural e teólogo) é que a luz é feita de partículas muito pequenas, chamadas de corpúsculos.

• Thomas Young, um físico do século XIX, mostrou que a luz se espalhava após passar por uma fresta, se comportando como se fosse uma onda.

Então a luz é uma onda ou uma partícula? Talvez as duas.

Um elétron, por exemplo, é uma partícula, mas pode ser refletido e interferir com ele mesmo como se fosse uma onda. (Você no espelho).

Jaime Teixeira Júnior – A Era do raciocínio quântico.

Essa é a explicação criada pelo físico quântico pioneiro, Louis de Broglie, em 1924.

Mas então como algo pode ser onda e partícula ao mesmo tempo? Permanecer "duas coisas" ou "dois estados" no mesmo instante?!

O físico Markus Arndt[19] afirma que os termos "onda" e "partícula" são construções que fazemos na nossa mente; são "convenções", para facilitar a compreensão do mundo.

Nosso pensamento "quadridimensional" (altura, largura, profundidade, espaço-tempo), não consegue imaginar algo que se comporte no mesmo momento de duas formas diferentes, então damos "nomes aos bois" para "tentar" trazer para a realidade da compreensão humana.

Precisamos dar uma forma "antropomórfica" para que seja compreensível, senão não há valor para nós. Um exemplo: - insistimos que um dia o Universo teve um início e "nasceu" com o BIG-BANG, só esquecemo-nos de dizer onde ocorreu a tal grande explosão que deu início ao Universo, se ele, o Universo, não existia. Como algo acontece em um lugar que não existe? Comparamos o nascimento do Universo ao parto de um bebê na tentativa de compreendê-lo.

O homem, portanto, precisa dar uma "forma" humana às coisas, senão ele não entenderá ou não aceitará. Estamos com sorte, por que apesar dos pensamentos serem "quadri-dimensionais", as funções do nosso cérebro são quânticas, ou seja, a nossa "máquina de pensar" é quântica e admite várias possibilidades, apenas precisamos adaptar melhor nossos pensamentos ao nosso cérebro, e é isto que está acontecendo agora, nestes tempos.

Precisamos ajudar a mudar o "software", instalar uma atualização do "sistema operacional" que opera em nosso cérebro. Isto vai acontecer de uma forma ou de outra, e você participará ou não. Se participar, a ansiedade da mudança será menor.

---

[19] http://homepage.univie.ac.at/markus.arndt/

No próximo livro

- **O Ser humano ingênuo pode aprender se for prudente. Quando o entendimento se revelar pode continuar a crescer com a ajuda da ciência.**
- **Desejar muito algo é um impedimento para que ocorra. Como tratar isto com o raciocínio quântico?**
- **O tempo de gestação dos nossos objetivos em acordo com o raciocínio quântico.**
- **Como chegar mais próximo e rapidamente aos objetivos para minha vida.**
- **Participando ativamente nos eventos numa corrente com a compreensão e auxilio do raciocínio quântico.**
- **Dominando a física quântica básica e superando o princípio da frustração.**
- **A transferência de estados quânticos entre seres humanos.**
- **O tele transporte quântico e físico.**
- **Os computadores e a computação quântica.**
- **O ato quântico da sexualidade sagrada.**
- **A Energia Quântica Taquiônica ou Energia Sexual**
- **Estimulando nossa BIONERGIA, a aura e todos os processos de emissão de luz e calor em nossos corpos.**
- **Intensificando o entrelaçamento entre seres vivos.**
- **Produzindo o salto quântico em nossa bioenergia.**
- **Alterando o estado quântico das partículas a serem tratadas.**
- **Colocando em situação benéfica a malha bio-eletrônica de outros seres vivos, a partir da criação de uma matriz saudável na origem e transferindo-a para o destino (ou**

outro ser vivo), a partir da procedência ou onde foi criada.

- O Universo é infinito ou o BigBang deu origem a ele?
- O crivo da verdade. Passando o que sabemos ou que pensamos saber como verdade, em um conjunto de peneiras.

A Era do
Raciocínio Quântico

Escrito na República Federativa do Brasil.
Impresso e distribuído nos Estados Unidos da América
do Norte por CreateSpace a DBA of On-Demand
Publishing LLC, part of the Amazon group of companies.
2015 / Fevereiro (1ª Ed/1ª Rev)
Author contact o20nivel@gmail.com

Comprou este livro? Envie seu nome, o número da nota
fiscal (ou uma cópia), com o título do e-mail "Comprei o
livro o Raciocínio Quântico" para o endereço de e-mail
o20nivel@gmail.com
E receba o endereço para entrar em um grupo secreto no
Facebook onde tratamos deste assunto e um presente
(ação) para ajuda-lo a emitir frequências ainda mais
saudáveis e reconectar com outras de mesma onda até
mesmo lá no próprio grupo.